これなられ 微積分子

博士（工学） 島 弘幸【著】

コロナ社

ま え が き

　ある理科の実験にまつわる，こんなエピソードがあります。

　　『……　その実験では，まずアルミ箔のしわを伸ばせといわれた。
　　理由もわからぬまま，とにかくいわれたとおりに作業している
　　と，今度はそのアルミ箔で，竹串を巻け，といわれた。
　　何度もやり直しをさせられたあげく，さらに今度は，その竹串を
　　火であぶれ，といわれた。……(中略)……
　　でも，もし最初に「エジソンの白熱電球をつくるぞ！」といって
　　くれてたら，もっと楽しく実験できたのに……』

　目的や目標がわからないまま，ただ作業をさせられるのは，誰にとっても
シンドイものです。だからこそ，教える側には，「その作業がなぜ必要か」を
相手に伝える気遣いが肝心なのでしょう。

　さて，この話，じつは数学のテキストにも，まったく同じことが当てはま
るのではないでしょうか？

　微積分学というのは，歴史の古い学問です。それゆえ，教えるべき内容と
その順番には決まったセオリーがあります。そうした伝統ある流れに沿っ
て，各トピックを教えていけば，確かに大きな穴はないでしょう。

　しかし，微分と積分を学ぶ人すべてが，十分な予備知識をもっているはず
はありません。そういった五里霧中で不安を感じる読者に対して，やれ「実
数の連続性」だの，「級数の収束性」だの，石橋をたたきつづけるような厳
密性にこだわった内容構成が本当に適しているのでしょうか？　それを学ぶ
べき理由も教えずに，ただ「アルミ箔のしわを伸ばせ」というステレオタイ
プな教え方に，なってはいないでしょうか？

　この本は，こうした著者なりの経験と反省から，従来型のテキスト構成に

とらわれずに内容を編纂したものです。執筆においては，できるだけ初学者
の興味がつづくように，多彩な話題を平易な言葉で扱うように心掛けました。
また，各章や各セクションの重要ポイントは，逐一太字でわかりやすく明示
しました。この工夫によって，「なんのためにこれを読まされているの!?」と
いった印象はずいぶん薄れるものと思います。さらに必要な場面では，同じ
内容を繰り返し，本書の違う箇所で説明してあります。通常の数学のテキス
トでは，定義や用語の説明を一回だけに留めることが多いので，この点も従
来型とは異なる本書の特長といえるでしょう。

　一方で，初学者の興味にかなう内容を目指したため，数学的な厳密性を欠
いた箇所は少なくありません。より厳密な内容を好まれる読者には，伝統あ
るほかの良書をお勧めします。ただしそうした読者にも，本書でふんだんに
盛り込んだ脚注やコーヒーブレイク，そして付録の中に，きっと目を惹く話
題があろうかと思います。

　なお，章末問題の解答例は，コロナ社の書籍詳細ページ[†]で閲覧できます。
問題の解き方がわからなかったときは，どんどん解答例を覗いてください。
ただし，丸写しはしないこと。解答例をちょっと覗いて，解き方がわかった
ら，すぐに解答を閉じてその問題に再挑戦する。そうやって問題と解答を何
度も往復して，手もとのペンを動かすことが，理解を深める一番の近道にな
るはずです。

　本書のいたるところに挿入されたイラストは，すべて研究室スタッフであ
る豊浦牧子さんによるものです。また，山梨大学 生命環境学部 学部生の池
谷汐織さんには，学生の目線で原稿全体を丁寧に精読して頂き，誤植を丹念
に洗い出して頂きました。お二人の多大なお力添えに，謹んで感謝を申し上
げます。

2022 年 6 月

島　弘幸

[†]　https://www.coronasha.co.jp/np/isbn/9784339061260/

目　　　次

1.　無限とはなにか

1.1　微積分学は「無限」の数学である……………………………………　*1*

1.2　無限大 ∞ とはなにか ………………………………………………　*4*

1.3　$x = 0$ と $x \to 0$ の違いとは …………………………………………　*6*

1.4　極限とはなにか ……………………………………………………………　*8*

章　末　問　題 ……………………………………………………………………　*10*

2.　対数とはなにか

2.1　対数のもつ意味 …………………………………………………………　*13*

2.2　対数はなぜ必要か …………………………………………………………　*18*

2.3　底の条件，真数条件 ………………………………………………………　*21*

2.4　自然対数の底 e …………………………………………………………　*27*

2.5　自然対数と常用対数 ………………………………………………………　*30*

章　末　問　題 ……………………………………………………………………　*31*

3.　いろいろな関数

3.1　関数とはなにか …………………………………………………………　*33*

3.2　逆　関　数　と　は ………………………………………………………　*36*

3.3　逆関数があるための条件とは……………………………………………　*38*

3.4　f の値域は f^{-1} の定義域 …………………………………… *42*

3.5　指　数　関　数 ……………………………………………… *44*

3.6　対　数　関　数 ……………………………………………… *48*

3.7　三角関数を定義する 3 種類の方法 ………………………… *50*

3.8　三角関数のグラフの大事な性質 …………………………… *52*

3.9　双　曲　線　関　数 ………………………………………… *55*

3.10　双曲線関数の名前の由来 …………………………………… *57*

3.11　逆　三　角　関　数 ………………………………………… *59*

3.12　逆三角関数と単位円の意外な関係 ………………………… *61*

3.13　逆三角関数の定義域と値域 ………………………………… *62*

3.14　増加関数の速さ比べ ………………………………………… *66*

章　末　問　題 …………………………………………………… *68*

4.　関数のグラフ表示

4.1　グラフの全体像を把握せよ ………………………………… *70*

4.2　定義域を調べよ ……………………………………………… *70*

4.3　軸との交点を探せ …………………………………………… *72*

4.4　対称性はあるか ……………………………………………… *73*

4.5　漸近線はあるか ……………………………………………… *74*

4.6　グラフの描き方: 実践編 …………………………………… *77*

4.7　グラフの平行移動 …………………………………………… *83*

4.8　グラフの拡大と縮小 ………………………………………… *85*

4.9　極座標のグラフ ……………………………………………… *88*

章　末　問　題 …………………………………………………… *95*

5.　関数の微分 簡単編

5.1　微 分 の 定 義 ……………………………………………… 97

5.2　x^n の 微 分 …………………………………………… 99

5.3　$\sqrt[n]{x}$ の 微 分 ………………………………………… 103

5.4　e^x の 微 分 …………………………………………… 106

5.5　$\log x$ の 微 分 ………………………………………… 107

5.6　微分の記号の使い分け …………………………………… 109

章 末 問 題 ………………………………………………… 111

6.　関数の微分 ちょいムズ編

6.1　積 の 微 分 ……………………………………………… 112

6.2　商 の 微 分 ……………………………………………… 114

6.3　$\cos x$ の 微 分 ………………………………………… 115

6.4　$\sin x$ の微分, $\tan x$ の微分 ………………………… 116

6.5　合成関数の微分 …………………………………………… 118

6.6　合成関数の微分公式の「大雑把な」証明 ………………… 120

6.7　逆 関 数 の 微 分 ……………………………………… 123

6.8　逆三角関数の微分 ………………………………………… 124

章 末 問 題 ………………………………………………… 127

7.　微分計算の応用

7.1　対 数 微 分 法 ………………………………………… 129

7.2　陰 関 数 ………………………………………………… 131

7.3 陰関数の微分 ··· *134*

7.4 関数の最大最小 ··· *139*

7.5 たがいに相関する変化率·· *147*

章 末 問 題 ··· *151*

8. 関 数 の 展 開

8.1 関数を展開するとはどういうことか ································· *157*

8.2 関数を1次式で近似する ··· *160*

8.3 関数を2次式で近似する ··· *163*

8.4 関数を多項式で近似する·· *165*

8.5 マクローリン展開とテイラー展開······································ *168*

8.6 展開の次数を無限にとると ·· *172*

8.7 収 束 半 径 と は ··· *174*

8.8 関数の展開の応用 (1): 極限の計算 ··································· *178*

8.9 関数の展開の応用 (2): 積分の計算··································· *180*

章 末 問 題 ··· *181*

9. 積分とはなにか

9.1 積分は二つの顔をもつ ··· *184*

9.2 区 分 求 積 法 ·· *186*

9.3 逆微分と面積の関係 ··· *191*

9.4 原 始 関 数 と は ··· *195*

9.5 積分定数がどんな値でもよいわけ····································· *198*

9.6 不定積分と定積分·· *199*

9.7 積分に関するいくつかの注意··· *200*

9.8　手で解ける積分の例 ……………………………………………… *201*

9.9　1/*x* の積分に絶対値がつくわけ ………………………………… *203*

9.10　手で解けない積分の例………………………………………… *207*

章　末　問　題 ………………………………………………………… *210*

10.　初等関数の積分

10.1　置　換　積　分 ………………………………………………… *212*

10.2　形式的な約分 $(du/dx)dx = du$ ……………………………… *216*

10.3　置換積分の具体例………………………………………………… *217*

10.4　部　分　積　分 ………………………………………………… *220*

10.5　部分積分の連続技………………………………………………… *222*

章　末　問　題 ………………………………………………………… *224*

11.　面積・体積・曲線の長さ

11.1　立　体　の　体　積 …………………………………………… *226*

11.2　回　転　体　の　体　積 ……………………………………… *229*

11.3　曲　線　の　長　さ …………………………………………… *232*

11.4　曲線の長さ（陰関数表示の場合）……………………………… *235*

11.5　回　転　面　の　面　積 ……………………………………… *238*

11.6　円筒か，円錐台か………………………………………………… *243*

章　末　問　題 ………………………………………………………… *248*

付　　　　　録 ………………………………………………………… *250*

A.1　常用対数表の使い方……………………………………………… *250*

A.2　複素数と三角関数のつながり …………………………………… *253*

　　A.2.1　虚数 i を用いた三角関数の表現 ･･････････････････････････ *253*

　　A.2.2　複素平面を用いた三角関数の表現 ････････････････････ *255*

　　A.2.3　オイラーの公式の応用例 ･･････････････････････････････ *257*

A.3　$(\sin x)/x \to 1$　$(x \to 0)$ の証明 ･････････････････････････ *260*

A.4　合成関数の微分，厳密な証明 ････････････････････････････ *264*

　　A.4.1　前 準 備 そ の 1 ･････････････････････････････････････ *264*

　　A.4.2　前 準 備 そ の 2 ･････････････････････････････････････ *266*

　　A.4.3　合成関数の式の証明 ･････････････････････････････････ *267*

A.5　円錐と円錐台の幾何 ････････････････････････････････････ *268*

　　A.5.1　円錐台の側面積 ･･･････････････････････････････････ *268*

　　A.5.2　円 錐 台 の 体 積 ･･･････････････････････････････････ *270*

　　A.5.3　円錐の体積にはなぜ 1/3 が付くのか ･･･････････････ *271*

索　　　　　引 ･･ *275*

■　本書の章末問題の解答例について　■

　本書の章末問題の解答例は，下記の二次元コード，もしくは URL よりアクセスすることができます。

https://www.coronasha.co.jp/np/data/docs1/978-4-339-06126-0_1.pdf

第1章　無限とはなにか

　微分とはなにか？　積分とはなにか？—これらの問いに答えるには，まず「無限とはなにか」を知る必要がある。本章では，無限という考え方と，微分・積分との関わりを，簡単な例とともに紹介する。

1.1　微積分学は「無限」の数学である

　微分と積分は，ともに「無限」という概念を駆使する学問分野であるといえよう。ここで無限とは文字どおり，限度・限界がない，という意味の言葉である。実際，微分と積分を学ぶ際には，「限りなく近づく」とか「限りなく多い」などの言い回しが頻繁に登場する。

　例えば，ある関数 $y = f(x)$ を微分する計算は，グラフ上の2点を限りなく近づけることに相当する。

　図 **1.1** に示すように，$y = f(x)$ のグラフ上にある2点 P,Q を考え，これらを通る直線 ℓ を考えよう。点 P の位置を動かさないまま，点 Q をグラフに沿って点 P に近づけていくと，直線 ℓ の傾きが徐々に変化する。ここで，点 Q を点 P に接近させればさせるほど，ℓ の傾きがある特定の値にどんどん近づいたとしよう†。この特定の傾きこそが，まさに関数 $y = f(x)$ の (点 P における) 微分にほかならないのである。

---

†　関数 $y = f(x)$ の種類によっては，ℓ の傾きが特定の値に近づかない場合もある。そのときは，$f(x)$ が点 P において微分不可能である，という。

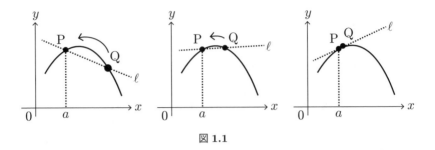

図 1.1

より正しくいうと，上で述べた操作は，関数 $y = f(x)$ の $x = a$ における微分係数 $f'(a)$ を求めていることに相当する。この操作を数式で表すと

$$f'(a) = \lim_{h \to 0} \frac{f(a+h) - f(a)}{h} \tag{1.1}$$

となる。右辺にある小さい記号 $h \to 0$ は，点 Q と点 P の間隔が限りなく 0 に近づくことを意味している。そしてこのとき，式 (1.1) の右辺にある分母と分子は，どちらも限りなく 0 に近づくことに注意しよう。いわば微分とは，無限に 0 に近づく数どうしの割り算なのである。

微分とは，無限に小さい数どうしの割り算である。

今度は別の例として，ある関数 $y = f(x)$ を積分するという計算を考えよう。この計算は，限りなく細い短冊を，限りなくたくさん寄せ集めることに相当する。

図 1.2 に示した図は，曲線 $y = f(x)$ と x 軸の間に挟まれた領域 D (灰色で塗った部分) の面積を求める様子を表している。一般に，領域を取り囲む境界線が (一部でも) グニャグニャと曲がっている場合，その領域の面積をスパッと求めることはできない。そこでどうするかというと，その領域を埋め尽くすようにたくさんの細長い短冊を並べて，短冊の面積の和を求めるということをする。

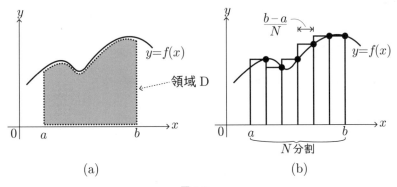

図 1.2

例えば図 1.2(b) では，$x = a$ から $x = b$ までの範囲を N 分割して，N 本の細長い短冊で領域 D を埋め尽くしている。もちろんこのままでは，短冊の上端が領域 D の境界線からはみ出している (または引っ込んでいる) ので，短冊の面積の和は領域 D の面積と完全に等しくはならない。しかし，N の値を限りなく増やせば，一本一本の短冊の横幅 $(b - a)/N$ は限りなく 0 に近づくので，はみ出した部分 (または引っ込んだ部分) の面積は限りなく小さくなるであろう。このように，無限に細長い短冊を無限にたくさん並べれば，それら短冊の面積の和として，領域 D の面積を求めることができる。この面積の値が，関数 $f(x)$ の ($a \leqq x \leqq b$ における) 積分なのである。

以上の操作を数式で表すとどうなるか。図 1.2 と図 **1.3** からわかるとおり，

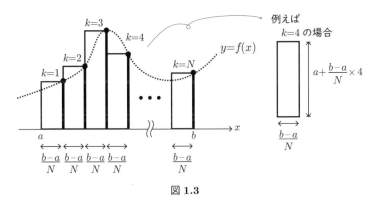

図 **1.3**

左から k 番目に位置する短冊の縦の長さは，関数 $y = f(x)$ を用いて

$$f\left(a + \frac{b-a}{N}k\right)$$

と表せる。また，短冊の横幅は，その位置によらず一定で

$$\frac{b-a}{N}$$

である。したがって，k 番目の短冊 1 本の面積は

$$f\left(a + \frac{b-a}{N}k\right) \times \frac{b-a}{N}$$

と書ける。求める面積は，N 本すべての短冊の面積の総和をとり，なおかつ N を限りなく増やした場合の値である。この値を，式 (1.2) のような積分記号を用いて表す，というのが積分法の流儀なのである。

$$\int_a^b f(x)dx = \lim_{N \to \infty}\left[\sum_{k=1}^{N} f\left(a + \frac{b-a}{N}k\right) \times \frac{b-a}{N}\right] \tag{1.2}$$

微分の場合と同様，式 (1.2) の右辺にある小さな記号 $N \to \infty$ は，短冊の横幅を限りなく細くするとともに，短冊の数を限りなく増やすことを表している。

積分とは，無限に細長い短冊を，
無限にたくさん集めることである。

ここまでの説明からわかるとおり，微分や積分の考え方を論じる際には，「限りなく」とか「無限に」というフレーズが何度も登場する。しかし，この「無限」という言葉，じつはこの言葉のもつ意味は，私たちが考えるほど単純なものではない。それを実感できるいくつかの例を，次節で紹介しよう。

1.2 無限大 ∞ とはなにか

無限とはなにか。じつはこの問いは数学における最も深遠なテーマの一つであり，いままで多くの天才たちがその実体をとらえようと苦心を重ねて

きた。

よくある誤解の一つは，無限大 ∞ を，とてつもなく大きな数だとみなすものである。しかし，∞ はけっして数ではない。もし ∞ という数があるならば，それに 1 を加えることで，さらに大きな数をつくることができる。つまり

$$\infty < \infty + 1 \tag{1.3}$$

という大小関係が成り立つことになるので，左辺の ∞ の大きさには限界がある (つまり ∞ + 1 よりは大きくなれない) ことになってしまう。大きさに限界があるなら，それはもはや無限大とは呼べない。

さらに，もし ∞ が数であるならば，∞ どうしの積をとることで，式 (1.4) のようにいくらでも大きな数をつくることができる。

$$\infty \ < \ \infty \times \infty \ < \ \infty \times \infty \times \infty \ < \ \cdots \ < \ \infty^{\infty} \tag{1.4}$$

しかし式 (1.4) の各項は，それぞれが「限りなく大きくなれる数」のはずである。したがって，それらの大きさに序列が生じてしまうのは，つじつまが合わない†。この意味でも，∞ を巨大な数とみなす解釈は誤りであることがわかる。

無限大∞は，数ではない。

では ∞ とは，いったいなんなのか？ じつはこれは，いくらでも大きくなれるという「状況」を表す記号なのである。

例えば，図 **1.4** に示した曲線 $y = 1/x$ 上の点 P が，曲線に沿って左上に移動する場合を考えよう。図からわかるとおり，点 P の x 座標を小さくすればするほど，点 P の y 座標はどんどん大きくなる。このとき，y 座標の大き

---

† 例えば，∞ が限りなく大きくなれる数ならば，∞ × ∞ よりも大きくなれるはずである。しかしこの主張は，式 (1.4) と矛盾してしまう。

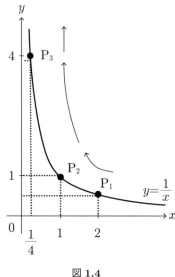

図 1.4

さには限界がなく，いくらでも大きくすることができる。この状況を数式で
表すと

$$\lim_{x \to 0} \frac{1}{x} = \infty \tag{1.5}$$

となる。ここで右辺の ∞ は，なにか特定の数を意味しているのではない。単
に，点 P の y 座標が「いくらでも大きくなれる」という状況を意味している
にすぎないのである。

1.3　$x = 0$ と $x \to 0$ の違いとは

式 (1.5) で示した $x \to 0$ という記号は，等式 $x = 0$ とはまったく異なるこ
とに注意しよう。式 (1.5) が表しているのは，あくまで x が 0 にどんどん近
づく状況 (しかし $x = 0$ にはどうしても届かない状況) である。けっして，x
に 0 を代入した状況を表しているのではない。

実際，$1/x$ の分母 x に 0 を代入することは，割り算のルール上，許されていない[†1]。しかし，分母 x を限りなく小さくすることはできる。この後者の状況が，$x \to 0$ という記号で表現されている。

「等しい」と「限りなく近い」は，ぜんぜん違う。

$x \to 0$ と $x=0$ の違いをさらによく理解するために，今度は

$$f(x) = \frac{\sin x}{x} \tag{1.6}$$

という関数を考えよう。

まず，式 (1.6) からわかることは，右辺の x に 0 を代入できないということである (分数の分母が 0 となってしまうため)。したがって，$x=0$ は $f(x)$ の定義域[†2]には含まれていない。ゆえに，$x=0$ における $f(x)$ の値 $f(0)$ は存在しない。そもそも定義されていないのである (図 **1.5**)。

一方，式 (1.6) において，x をどんどん 0 に近づけることはできる。つまり

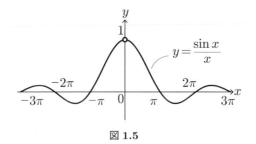

図 **1.5**

[†1]　なぜ 0 で割ることは許されないのだろうか? 一般に，ある数を a で割るというのは，その数に a の逆数をかけることを意味する。ここで「a の逆数」とは，次式のように a にかけると 1 になる数のことである。

$$a \times \frac{1}{a} = 1$$

しかし，0 には逆数がない。つまり，$0 \times z = 1$ を満たすような数 z が存在しない。0 の逆数がないので，0 での割り算もできないのである。

[†2]　一般に，関数 $f(x)$ の定義域とは，変数 x がとりえる値の範囲のことである。

$f(0)$ は存在しない

けれども

$$\lim_{x \to 0} f(x) \text{ は存在する}$$

のである。そして後者の値は

$$\lim_{x \to 0} \frac{\sin x}{x} = 1 \tag{1.7}$$

となることを証明できる (導出は 6.3 節を参照)[†1]。

　以上のように $f(0)$ と $\lim_{x \to 0} f(x)$ とでは，数式の表す意味がまったく異なる。$f(0)$ とは，$f(x)$ の x に 0 を入れたときの値である。しかし $\lim_{x \to 0} f(x)$ はそうではない。あくまで x を 0 に限りなく近づけたときに，$f(x)$ がどんな値に近づくか，を意味しているのである。よって，二つのうちの片方は存在するけど，もう片方は存在しないという状況があっても，なんら不思議ではない。

　私たちが使い慣れている関数は，$f(0)$ と $\lim_{x \to 0} f(x)$ の値が一致することが多い。例えば，x^2, $\cos x$, e^x などの関数では，すべて $f(0)$ と $\lim_{x \to 0} f(x)$ の値が一致する。そのため，この二つは同じものを表していると勘違いしてしまいかねないが，じつは本質的にまったく意味の異なるものであることを，強調しておきたい[†2]。

1.4　極限とはなにか

　極限とは，「いつまでたってもたどりつけないゴール」である。ゴールに向かってどんどん近づくことはできるけれど，けっしてゴールそのものには到達できない。そうした見果てぬ夢のゴールを，数学では極限と呼ぶ。

[†1]　ちなみに，式 (1.7) の左辺を $\lim_{x \to 0}(\sin x)/x = \lim_{x \to 0}(\sin x - \sin 0)/(x - 0)$ と変形すると，これは関数 $\sin x$ の $x = 0$ における微分係数だとわかる。さらに $(\sin x)' = \cos x$ なので，この微分係数の値は $x = 0$ における $\cos x$ の値，すなわち $\cos 0 = 1$ に等しいとわかる。

[†2]　より一般的には，どんな実数 a に対しても，$f(a)$ と $\lim_{x \to a} f(x)$ は意味の異なるものだ，ということである。

　ある関数 $f(x)$ を微分するという計算は，ある種の極限 (たどりつけない
ゴール) を求める計算である。例えば，関数 $y = f(x)$ を $x = a$ において微分
するとは

$$\lim_{h \to 0} \frac{f(a + h) - f(a)}{h} \tag{1.8}$$

を求めることであった。これを標語的に

$$\lim_{h \to 0} \boxed{h \text{ の式}} \tag{1.9}$$

と書き直してみよう。すると式 (1.8) の計算は，h をどんどん 0 に近づけた
ときに，$\boxed{h \text{ の式}}$ の値がなにに近づくかを問うているのだとわかる。

　ただし注意すべきは，けっして h に 0 を代入しているのではない，という
点である。$h = 0$ どんぴしゃりの状況を考えているのではない。そうではな
くて，h の変化に伴い，はたして $\boxed{h \text{ の式}}$ がどこに近づこうとするのかを遠
巻きに観察しているのである。このもったいぶったおあずけ感が，極限の理
解には重要である。

　前記と似たことが，積分についてもいえる。ある関数 $y = f(x)$ を $a \leqq x \leqq b$
で積分するというのは

$$\lim_{N \to \infty} \left[\sum_{k=1}^{N} f\left(a + \frac{b - a}{N} k \right) \times \frac{b - a}{N} \right] \tag{1.10}$$

の値を求めることであった。これを

$$\lim_{N \to \infty} \boxed{N \text{ の式}} \tag{1.11}$$

と書き直すとわかるように，やはり式 (1.10) も，N をどんどん大きくした
ときに，$\boxed{N \text{ の式}}$ の値がなにに近づくかを問うているのである。

　もともと極限とか無限などの概念は，私たち普通の人間の直観をはるかに
超えた得体の知れないものである。そう考えると，式 (1.8) や式 (1.10) に基
づいた微分や積分という計算は，じつはかなり危うい数学的操作をしている
ことがわかるであろう。

微分というのは，単に公式に従って x^n を nx^{n-1} に変えるという浅い話ではない。積分も，単に公式に従って $\cos x$ を $\sin x$ に変えるという話ではない。無限や極限との格闘の末に先人たちが拓いた，豊かな数の世界を学ぶことこそが，微分と積分を学ぶことの一番の醍醐味なのだ。

コーヒーブレイク

『天災は忘れた頃にやってくる』との格言を最初にいったのは，希代の実験物理学者である寺田寅彦だといわれている。寺田寅彦は随筆家としての顔ももち，夏目漱石・正岡子規らと親交が深かった。その彼の日記には，こんな言葉が記されている。

『大学が事柄を教えるところでなく，学問の仕方を教え学問の興味を起こさせるところであればよい。本当の勉強は卒業後である。歩き方さえ教えてやれば卒業後に銘々の行きたいところへ行く，歩くことを教えないで無闇に重荷ばかり負わせて学生をおしつぶしてしまうは宜しくない。』
(寺田寅彦全集文学編第十三巻 (岩波書店,1951) 日記三，大正十五年四月より)

── 教える側と教わる側の双方に，響く言葉だと思います。

章 末 問 題

【1】 下記の (1)〜(3) は，「無限」に関係のある「誤った」主張である。どこがどのように間違えているのか，考えて答えよ。

(1) 図 **1.6**(a)〜(d) は，一辺の長さが 1 の正方形の内側に，ジグザグの折れ線を書き込んだ様子である。

図からわかるとおり，折れ線を構成する線分の長さをどんどん短くすると，$N \to \infty$ の極限 (図 (e)) で，この折れ線は正方形の対角線に等しくなる。

ところで，折れ線全体の長さは，図 (a)〜(d) のすべてで 2 に等しい。したがって $N \to \infty$ の極限でも，線全体の長さは 2 に等しい。

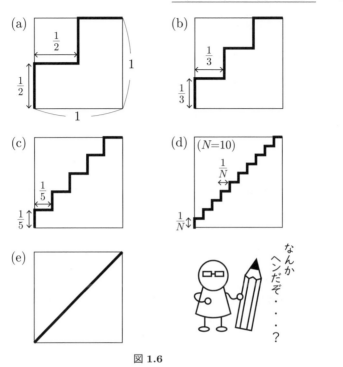

図 **1.6**

　以上のことから，一辺の長さが 1 の正方形の対角線 (図 (e)) の長さは，
2 である ($\sqrt{2}$ ではない!?) ことが証明できた (!?)。

(2) 電卓で $1 \div 9$ を計算すると，答えは $0.111\,11\cdots$ と表示される。よっ
て

$$\frac{1}{9} = 0.111\,11\cdots$$

この両辺に 9 をかけると

$$1 = 0.999\,9\cdots$$

しかし右辺の数字は明らかに 1 より小さい。よってこの電卓は故障して
いる (!?)。

(3) 無限和 $S = 1 - 1 + 1 - 1 + 1 - 1 + \cdots$ を考える。このとき

$$S = (1-1) + (1-1) + (1-1) + \cdots$$

$$= 0 + 0 + 0 + \cdots = 0$$

一方，かっこの付け方を変えると

$$S = 1 + (-1 + 1) + (-1 + 1) + (-1 + \cdots$$

$$= 1 + 0 + 0 + \cdots = 1$$

以上より，$0 = 1$ であることを証明できた (!?)。

【2】 (1) $\displaystyle\lim_{x \to \infty}(x^2 - x) = \infty - \infty = 0$ という計算は正しいか答えよ [†]。

(2) $\displaystyle\lim_{x \to \infty}(\sqrt{x^2 + 1} - x) = \infty - \infty = 0$ という計算は正しいか答えよ。

【3】 (1) つぎの関数 $f(x)$ について，$f(0)$ と $\displaystyle\lim_{x \to 0}f(x)$ を比較せよ。そもそも，$\displaystyle\lim_{x \to 0}f(x)$ という値は存在するか答えよ。

$$f(x) = \begin{cases} x^2 + 1 & (x \neq 0) \\ 0 & (x = 0) \end{cases}$$

(2) つぎの関数 $f(x)$ について，$f(1)$ と $\displaystyle\lim_{x \to 1}f(x)$ を比較せよ。そもそも，$\displaystyle\lim_{x \to 1}f(x)$ という値は存在するか答えよ。

$$f(x) = \frac{x^2 - 1}{x - 1}$$

[†] 一般に，$\displaystyle\lim_{x \to a}\{f(x) + g(x)\} = \lim_{x \to a}f(x) + \lim_{x \to a}g(x)$ という式変形が許されるのは，$\displaystyle\lim_{x \to a}f(x)$ と $\displaystyle\lim_{x \to a}g(x)$ がどちらも存在する場合 (つまり，それぞれが特定の値にどんどん近づく場合) に限られることに注意せよ。

第**2**章　対数とはなにか

本章では，苦手意識をもつ人が多い「対数」の考え方と，対数に関連する話題 (指数，底，真数など) を概観する。

2.1　対数のもつ意味

中学からいままでを振り返って，いつごろから数学に苦手意識が芽生えたか？ もしそういうアンケートをとれば，きっと「対数」は上位に入るだろう。あまり見慣れない log という記号。$\log_2 8$ の中に埋め込まれた，小さな 2 と大きな 8。「底の変換」だの，「log どうしのたし算はかけ算になる」だの，いったいなんのための計算なのかと不審に思う声が聞こえてきそうである。

そこで本節では，対数のおもな性質をおさらいする[†]。

まず，対数とはいったいどういう概念なのか？ ざっくりいうと，対数とは，「底」の部分に書いた数字を何回かけ合わせたら「真数」の部分に書いた数字と等しくなるか，その「かけ合わせる回数」のことである (図 **2.1**)。

対数とは，かけ合わせる回数のことである。

例えば，$10 \times 10 \times 10 = 1\,000$　のことを

$$10^3 = 1\,000 \tag{2.1}$$

[†] ここから先，しばらくは対数の底の値を 10 に固定し，真数の値は 10 の累乗 $10^n (n = 1, 2, 3, \cdots)$ とする。ちなみに，累乗とべき乗の違いはつぎのとおりである。一般に a^p を a のべき乗と呼び，特に p が自然数 n のときだけ a^n を a の累乗と呼ぶ。

○の部分を、対数の「真数」と呼ぶ。

□の部分を、対数の「底」と呼ぶ。

図 **2.1**

と書こう。この式 (2.1) は,「10 を 3 回かけ合わせると 1 000 になる」ことを表している。

ここで,式 (2.1) の両辺の対数をとると

$$\log_{10} 10^3 = \log_{10} 1\,000 \tag{2.2}$$

となる。式 (2.2) の左辺は,式 (2.3) のように簡単にできる。

$$\log_{10} 10^3 = 3 \log_{10} 10 = 3 \tag{2.3}$$

この結果を式 (2.2) に代入して,左右の項を入れかえると

$$\log_{10} 1\,000 = 3 \tag{2.4}$$

この式 (2.4) も,やはり「10 を 3 回かけ合わせると 1 000 になる」ことを意味している[†]。つまり,式 (2.4) の右辺の 3 は,かけ合わせる「回数」なのだ。

さて,図 **2.2** において,数字の 3 を変数 x に置き換えてみよう。すると,図 **2.3** の左半分に示した式は,x に関する方程式

$$10^x = 1\,000 \tag{2.5}$$

となる。そして右半分に示した式は,この方程式の解

$$x = \log_{10} 1\,000 \tag{2.6}$$

[†] 「10 を 3 乗したら 1 000 になる」と言い換えてもよい。

図 2.2

図 2.3

となる。ここでもやはり，式 (2.5)，(2.6) はどちらも，10 を x 回だけかけ合わせると 1000 になることを意味しているのである。

　対数に関する性質をさらによく知るために，以下では「ゼロ数」という言葉を新たに定義しよう [†]。例えば

　　1 000 000

という数は，0 という数字を 6 個並べてできている。このとき「1 000 000 のゼロ数は 6 だ」と表現すると約束しよう。すると，式 (2.6) で書かれた x は，

[†]　なお，ここで定義したゼロ数という概念は，一般的に用いられるものではない。普通なら，けた数という概念を用いて，同じ内容を説明するところであろう。しかし，例えば 10^3 は 4 けたの数である。一般に 10^n という数は $n+1$ けたの数である。つまり，10^n という表記の右上に現れる n と，10^n のけた数である $n+1$ は，たがいに 1 だけずれてしまう。この辺りのまどろっこしさを避けるため，ここではけた数ではなくゼロ数という概念を用いた。

$1\,000$ のゼロ数 (つまり 3) を意味していることになる。つまり対数とは，真数部分に書かれている数字の「ゼロ数」に過ぎないのだ†。

$$\triangle = \log_{10}\bigcirc \quad \Leftrightarrow \quad 10 を \triangle 回かけると \bigcirc になる。$$

対数がゼロ数を意味することがわかれば，式 (2.7) が成り立つ理由もわかる。

$$\log_{10} A + \log_{10} B = \log_{10}(AB) \tag{2.7}$$

例えば，A のゼロ数が 3 (つまり $A = 10^3$)，B のゼロ数が 4 (つまり $B = 10^4$) だとしよう。すると，A と B の積で与えられる数のゼロ数は 7 (つまり $AB = 10^7$) になる。すなわち式 (2.7) は，ゼロ数の足し算

$$3 + 4 = 7 \tag{2.8}$$

を表しているに過ぎないのだ (図 **2.4**)。

$$\underbrace{\log_{10}(10^3)}_{\substack{\| \\ 3}} + \underbrace{\log_{10}(10^4)}_{\substack{\| \\ 4}} = \underbrace{\log_{10}(10^7)}_{\substack{\| \\ 7}}$$

図 **2.4**

さらに，対数がゼロ数を意味することがわかれば，式 (2.9) が成り立つ理由もわかる。

$$k \log_{10} A = \log_{10}(A^k) \tag{2.9}$$

例えば，A のゼロ数を 3 (つまり $A = 10^3$) としよう。すると A^k とは，ゼロ数が 3 である数どうしを，k 回かけ合わせてできる数である。したがって，

---

† ただしゼロ数の考え方が使えるのは，真数が 10 の累乗 (10^n) の場合だけであることに注意。真数が 10^n の形でない場合は，ほかの考え方を使う必要があるが，式 (2.7) と式 (2.9) で示した結論自体は変わらず成立する。

そのゼロ数は $3 \times k$ になる。対数とは，単にその数のゼロ数を表すに過ぎないのだから

$$\log_{10} A = 3, \quad \log_{10} \left(A^k\right) = 3 \times k$$

この二つの式から 3 を消去すると，確かに式 (2.9) を得る (図 **2.5**)。

$$\underbrace{k \times \log_{10}(10^3)}_{\parallel} = \underbrace{\log_{10}(10^{3 \times k})}_{\parallel}$$
$$\phantom{k \times \log_{10}(10^3)} $$

$$3 \qquad\qquad 3 \times k$$

図 **2.5**

　ここまでの話は，底の値が 10 の対数に限定したものであった。しかし上の考え方をそのまま拡張すれば，底の値が 10 とは異なる対数に対しても，同じような話ができるであろう。例えば底を 2 とする対数を考えると，図 **2.6** のような記法が可能となる。

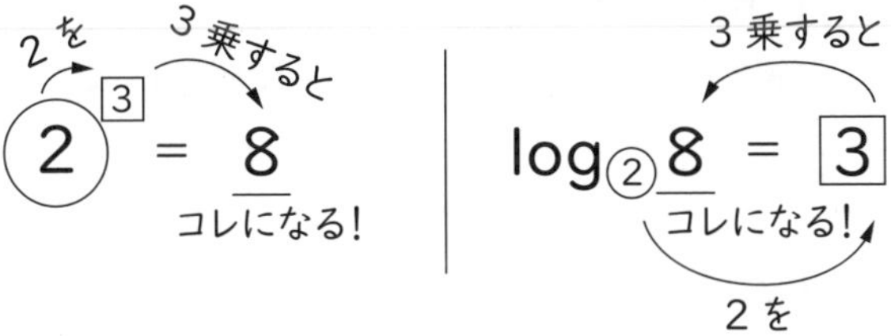

図 **2.6**

　さらに，図 2.6 における "3" を変数 "x" に置き換えると，図 **2.7** に示すように，左の式は x に関する方程式となる。

$$2^x = 8 \qquad\qquad \log_2 8 = x$$

図 **2.7**

このとき，図 2.7 の左の方程式 $2^x = 8$ の解は，図 2.7 の右の式で与えられる x の値 $\log_2 8$ に等しい。つまり，$\log_2 8$ の値を求めるというのは，「2 を何乗すると 8 になるか?」を考えることと同じなのである (図 **2.8**)。

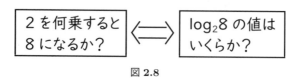

図 **2.8**

2.2　対数はなぜ必要か

　そもそもなぜ「対数」という概念が生み出されたのだろうか? じつはずっと昔に，天文学や電気工学などの実学分野において，対数という概念が大活躍していた時代が，確かにあったのである。

　実学分野で対数が役に立った理由は，平たくいうとつぎのとおりである。

面倒な 「かけ算」 を，
簡単な 「たし算」 に変えられるから。

　例えば，152×213 という積の値を知りたいとしよう。対数のテクニックを使うと，この積の値を「たし算」で簡単に求めることができる。

$$152 \times 213 = (1.52 \times 100) \times (2.13 \times 100)$$

$$= 10\,000 \times \underline{1.52 \times 2.13}$$

$$\fallingdotseq 10\,000 \times 10^{0.182} \times 10^{0.328} \quad \text{※こうなる理由はすぐ後で説明する}$$

$$= 10\,000 \times 10^{\overset{\frown}{0.182+0.328}}$$

$$= 10\,000 \times 10^{0.510}$$

$$\fallingdotseq 10\,000 \times 3.24 \quad \text{※これもすぐ後で説明する}$$

$$= 32\,400$$

上の計算では，二重下線部のかけ算が，波線部のたし算に化けていることに注意しよう。このように，小数どうしのかけ算

$$1.46 \times 2.73 \tag{2.10}$$

を，小数どうしのたし算

$$0.164 + 0.375 \tag{2.11}$$

に変換できれば，計算の手間は大幅に省ける。なぜなら，一般にかけ算よりもたし算のほうが計算が簡単だからである。

　さてここで問題となるのは，式 (2.12) の○に入る数字を，どうやって求めるかであろう。

$$1.52 = 10^{\bigcirc}, \quad 2.13 = 10^{\bigcirc} \tag{2.12}$$

この○に入る数字を求めるためにつくられたのが，付録 A.1 に示した「常用対数表」である。表の使い方は，付録の中で説明している。付録の説明に沿えば，式 (2.12) の○に入る数が簡単に求まることがわかるであろう。

　もちろん，たった三けたのかけ算 152×213 なら，筆算で手を動かして解くほうが手っ取り早いかもしれない。常用対数表が威力を発揮するのは，もっと極端に大きい数字を扱う場合である [†1]。

　いま仮に，2^{30} という数字を与えられたとしよう。さてこの数字は，だいたいどのくらいの大きさなのか？ 1 億くらいなのか，それとも 1 兆よりも大きいのか。数字を見ただけだと，すぐにはわからない。そしてその答えを知るには，延々とかけ算を繰り返す必要がある。

　一方，常用対数表を使えば，2^{30} のおおよその大きさを，つぎのように簡単に見積もることができる [†2]。

[†1] 例えば昔の時代の天文学では，気が遠くなるような巨大な数の計算を，膨大な数だけ繰り返す必要があった。このように，手計算では無理な計算が必要な状況では，常用対数表が大変役に立ったのである。

[†2] ここで常用対数表を使ってわかることは，$2 \fallingdotseq 10^{0.301}$ および $10^{0.03} \fallingdotseq 1.07$ である。

$$2^{30} \fallingdotseq \left(10^{0.301}\right)^{30} = 10^{0.301 \times 30} = 10^{9.03} = 10^9 \times 10^{0.03}$$

$$\fallingdotseq 10^9 \times 1.07 = 1\,070\,000\,000$$

上の計算では

2 を $10^{0.301}$ に書き換えるとき

および

$10^{0.03}$ を 1.07 に書き換えるとき

に，それぞれ常用対数表を用いた。コンピュータも電卓もなかった時代，こうした方法が非常に役立った時期が，確かにあったのである[†]。

以上の説明から，どんな数 x に対しても，$x = 10^y$ を満たす y の値を求める方法がわかった。言い換えれば

$$x = 10^y \tag{2.13}$$

という式の右辺と左辺を，自由に行き来できる方法を手に入れたことになる。

右辺と左辺を「自由に行き来できる」ならば，もはや x と y は，たがいに同格といえよう。ならば，$x = \bigcirc$ という表現だけでなく，$y = \bigcirc$ という表現があってもよい。こうして昔の学者たちは，この後者の表現を

$$y = \log_{10} x \tag{2.14}$$

[†] ちなみに，$\sqrt{3}$ や $\sqrt{17}$ などの平方根の値も，つぎのような方法を用いると (電卓もコンピュータも使わずに) 求めることができる。

$$\sqrt{c} = \left(1 + \frac{1}{q_1}\right)\left(1 + \frac{1}{q_2}\right)\left(1 + \frac{1}{q_3}\right)\left(1 + \frac{1}{q_4}\right)\cdots \quad ※エンゲルの公式$$

$$ただし，\quad q_1 = \frac{c+1}{c-1}, \quad q_{i+1} = 2q_i^2 - 1 \ (i = 1, 2, 3, \cdots)$$

例えば $c = 2$ の場合，$q_1 = 3$, $q_2 = 17$, $q_3 = 577$ などから，$\sqrt{2} \cong 1.414\,213\,5\cdots$ を得る。$c = 3$ のときも，$q_1 = 2$, $q_2 = 7$, $q_3 = 97$ などから，$\sqrt{3} \cong 1.732\,06\cdots$ となり，手計算だけでもかなりの精度で $\sqrt{2}$ や $\sqrt{3}$ の値が求まる。

と書くと「約束」したのである。これが (常用) 対数 $\log_{10} \bigcirc$ の由来の一つである。

　対数は若干扱いにくい概念である。しかしその登場には，上に述べたような，やんごとなき実用上の理由があったのである。

| コーヒーブレイク |

　日本では，数字のけたを「一，十，百，千，万」と数える。1 万 $(= 10^4)$ よりも大きい数には，4 けた増えるごとに，億 $(= 10^8)$，兆 $(= 10^{12})$，京 $(= 10^{16})$ という単位がつく。ではその先は？

　1 京よりも大きい数に対しては，やはり 4 けた増えるごとに，つぎのような単位がつく。

> 京 (けい)，垓 (がい)，秭 (じょ or し)，穣 (じょう)，溝 (こう)，澗 (かん)，正 (せい)，載 (さい)，極 (ごく)，恒河沙 (ごうがしゃ or こうがしゃ)，阿僧祇 (あそうぎ)，那由他 (なゆた)，不可思議 (ふかしぎ)，無量大数 (むりょうたいすう)

したがって，1 無量大数は 10^{68} に等しい。化学で使う分子量の単位 1 mol は，だいたい 6 000 垓 であり，太陽の質量は 約 200 穣 kg である。

　逆に，1 より小さい数には，1 けた下がるごとにつぎのような単位がつく。

> 分 (ぶ)，厘 (りん)，毛 (もう)，糸 (し)，忽 (こつ)，微 (び)，繊 (せん)，沙 (しゃ)，塵 (じん)，埃 (あい)，渺 (びょう)，漠 (ばく)，模糊 (もこ)，逡巡 (しゅんじゅん)，須臾 (しゅゆ)，瞬息 (しゅんそく)，弾指 (だんし)，刹那 (せつな)，六徳 (りっとく)，虚空 (こくう)，清浄 (しょうじょう)，阿頼耶 (あらや)，阿摩羅 (あまら)，涅槃寂静 (ねはんじゃくじょう)

したがって，1 涅槃寂静は 10^{-24} に等しい。ちなみに涅槃とは仏教用語で悟りの地を指し，寂静とは煩悩を離れて苦しみがなくなった解脱の境地を指す言葉である。なんともありがたい名前の数があったものである。

2.3　底の条件，真数条件

2.1 節で述べた通り，一般に対数 $\log_a X$ の a を「底」，X を「真数」と呼

ぶ。これらの a と X は，それぞれとりえる値の範囲が限られている。

　底の条件：$a > 0$　かつ　$a \neq 1$

　真数条件：$X > 0$

これら二つの条件がともに満たされているときだけ，対数 $\log_a X$ は意味をもつ。それ以外の場合 (例えば $a = 1$ や $X = -2$ などの場合) には，対数 $\log_a X$ を定義できない。

対数の底は，0 以下にできない (1 にもできない)。
対数の真数は，0 以下にできない。

　ではなぜ，対数 $\log_a X$ が意味をもつために，上の二つの条件が必要なのだろうか？ それを知るために，いったん Y を用いて

$$Y = \log_a X \tag{2.15}$$

とし，これを変形して

$$X = a^Y \tag{2.16}$$

とおこう。さて，もし a と X が前述の条件を満たさないとすると，なにが起こるだろうか？

例 2.1　もし，底 a が $a < 0$ だったら……。

仮にいま，$a = -2$ とおいて，むりやり式 (2.16) に代入すると

　　$Y = -1$　のとき　$X = (-2)^{-1} = -\dfrac{1}{2}$

　　$Y = 0$　のとき　$X = (-2)^0 = 1$

　　$Y = 1$　のとき　$X = (-2)^1 = -2$

　　$Y = 2$　のとき　$X = (-2)^2 = 4$

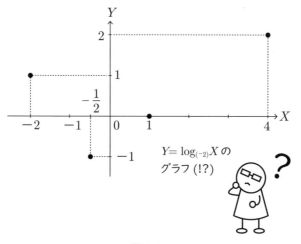

図 2.9

となる。つまり，Y の値が増えるごとに，X の値の符号がくるくる変わり，とても落ち着かない関数になってしまう (図 **2.9**)。

しかも，Y の値が整数でない場合は，なんと X の値が実数ではなくなってしまう。例えば

$$Y = \frac{1}{2} \quad \text{のとき} \quad X = (-2)^{\frac{1}{2}} = \sqrt{2}i$$

$$Y = \frac{3}{2} \quad \text{のとき} \quad X = (-2)^{\frac{3}{2}} = 2\sqrt{2}i$$

このように，対数 $\log_a X$ の底 a をむりやり負の値にすると，グラフは不連続となり，かつ，虚数が現れるという非常に不自然な関数になってしまう。これが，底 a の値を非負とする理由である。

仮に底が負だと，虚数が登場してしまう。

例 2.2 もし，底 a が $a = 0$ だったら $\cdots\cdots$。

つぎに $a = 0$ の場合を考える。このとき式 (2.16) は

$$X = 0^Y \tag{2.17}$$

となる。0は何乗しても0なので，$Y \, (> 0)$ の値にかかわらず [†1]，X の値は常に0となる (図 **2.10**)。

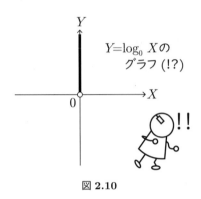

図 **2.10**

　逆にいうと，$X = 0$ というただ一つの値に対して，無数の Y の値が対応することになってしまう。このように一価性を失った X と Y の関係は，もはや関数とは呼べない (詳しくは3.1節を参照)[†2]。これが，底 a を0としてはいけない理由である。

[†1]　ちなみに，$Y \leqq 0$ となる Y の値を，式 (2.17) へ代入することはできない。例えば，式 (2.17) において $Y = -1$ とおくと

$$X = \frac{1}{0}$$

となってしまうが，分母が0となることは数学では許されていない。また，式 (2.17) において $Y = 0$ とおくと

$$X = 0^0$$

となってしまうが，0の0乗という計算もやはり数学のルール上では存在しない。

[†2]　ここで「一価性」とは，すべての関数 $y = f(x)$ がもつべき，つぎのような性質である。変数 x の値をある一つの値に特定したとき，それに対応する y の値が，ただ一つだけに決まるとしよう。このとき，関数 $y = f(x)$ は一価性をもつ (または x と y が1対1に対応する) という。逆に，x の値を一つに決めても，それに対応する y の値が二つ以上あるときは，一価性がない (または1対1に対応しない) という。この本の範囲では，一価性を備えた x と y の関係だけを「関数 $y = f(x)$」とみなすことにする。

仮に底が 0 だと，
関数の前提である「一価性」が崩れてしまう。

例 2.3　もし，底 a が $a = 1$ だったら……。

つづいて $a = 1$ の場合を考えよう。このとき，式 (2.16) は

$$X = 1^Y \tag{2.18}$$

となる。1 は何乗しても 1 なので，Y の値にかかわらず，X は常に 1 となる（図 **2.11**）。

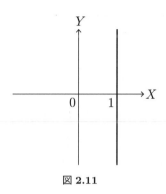

図 **2.11**

よってこのときも，X と $Y(= \log_a X)$ が 1 対 1 には対応しないため，a を1 にすることは許されない。

仮に底が 1 でも，やはり「一価性」が崩れてしまう。

例 2.4　真数 X が $X < 0$ だったら……。

最後に，対数 $\log_a X$ の真数 X をもし負の値にしたら，なにが起こるのかを考えよう。例えば，式 (2.16) に $X = -3$ を代入すると

$$a^Y = -3 \qquad (2.19)$$

となる。ところで対数 $\log_a X$ が意味をもつためには，底 a は $a > 0$ かつ $a \neq 1$ でなければならなかった。でははたして，a がこの条件を満たすときに，式 (2.19) を満たす Y は存在するだろうか？

いや，そうした Y は存在しない。

式 (2.19) において a が正ならば，左辺の a^Y は Y の値にかかわらず常に正のはずである。a^Y が -3 と等しくなるような Y は存在しない。もっと一般的にいうと

$$a > 0 \quad かつ \quad a^Y < 0 \qquad (2.20)$$

を満たす Y は存在しない。これが真数 $X(= a^Y)$ が常に正でなければならない理由である。

底が正ならば，真数も正にならざるをえない。

真数 X が常に正であることは，対数 $Y = \log_a X$ のグラフからもわかる。図 **2.12** には，対数関数 $Y = \log_a X$ の概形を示した。$a(> 0)$ の値と 1 との大小関係によって，グラフの形は大きく変化するが，どちらの曲線も $X > 0$ の領域にしか存在しないことがわかる。

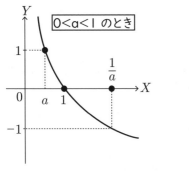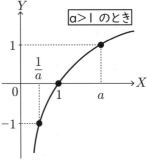

図 **2.12**

┌─ コーヒーブレイク ──────────────────────────

　代表作「赤と黒」で有名な 19 世紀のフランス人作家スタンダールは，数学に
も造詣が深かったといわれている。例えば彼自身の自叙伝には，つぎのような
記述がある。

『負の量をある男の負債だとしよう。一万フランの負債に五百フランの負債を乗
じて，どのようにしてこの男は五百万フランの財産をえるにいたるのだろう？』
『…誰も私に，どうして負に負を乗じて正になるかを説明してくれないのだから，
私はどうしてよいかわからないではないか？』
(スタンダール著「アンリ・ブリュラールの生涯」(人文書院, 1977) 第三十三章
より)

　── あなたなら，このスタンダールにどんな声をかけますか？

──

2.4　自然対数の底 e

　高校や大学の数学には，三つの奇妙な数が登場する。一つ目は円周率 π，
二つ目は虚数単位 i，そして三つ目が，以下で説明する「自然対数の底」e で
ある [†1]。これは対数と関わりのある数なので，本節で詳しく説明しておこう。

　自然対数の底 e とは，式 (2.21) で定義 [†2]される無理数 [†3]である。

$$e \equiv \lim_{p \to \infty} \left(1 + \frac{1}{p} \right)^p \tag{2.21}$$

この無理数 e の値を知るには，式 (2.21) の右辺の $[1 + (1/p)]^p$ が，p の増加
とともにどう変化するのかを調べればよい。

[†1]　発見者である 17 世紀の数学者ジョン・ネイピア (John Napier) の名前をとって，ネピ
ア数 (またはネイピア数) とも呼ばれる。

[†2]　式 (2.21) に示した 3 本線の記号 "$\equiv$" は，右辺によって左辺を「定義する」という意味
の記号である。等号 "$=$" とは異なることに注意。

[†3]　実数のうち，分数 (すなわち二つの整数の比) の形で表せるものを有理数，そうでないも
のを無理数と呼ぶ。ちなみに，有限のけたで表せる小数 (＝有限小数) は，すべて有理数
であることを簡単に証明できる。一方で無限小数は，有理数か無理数かを判定するのが，
一般にかなり難しい。

$p = 1$ のとき $\qquad \left(1 + \dfrac{1}{p}\right)^p = \left(1 + \dfrac{1}{1}\right)^1 = 2^1 \qquad = 2$

$p = 2$ のとき $\qquad \left(1 + \dfrac{1}{p}\right)^p = \left(1 + \dfrac{1}{2}\right)^2 = \left(\dfrac{3}{2}\right)^2 = 2.25$

$p = 3$ のとき $\qquad \left(1 + \dfrac{1}{p}\right)^p = \left(1 + \dfrac{1}{3}\right)^3 \qquad = 2.37\cdots$

$\vdots$

$p = 10$ のとき $\qquad\qquad \left(1 + \dfrac{1}{10}\right)^{10} \qquad = 2.59\cdots$

$\vdots$

$p = 10\,000$ のとき $\qquad \left(1 + \dfrac{1}{10\,000}\right)^{10\,000} = 2.718\cdots$

上のように p の値をどんどん増やしていくと，$[1 + (1/p)]^p$ の値は

$$2.718\,281\,828\,459\,045\,235\,360\,287\,471\,352\cdots \quad (\star)$$

という無限小数にどんどん近づいていく。数学では，この無限小数に「自然対数の底」という特別な名前を付けて，記号 e で表すのである。

階乗の記号 $n!$ を用いると [1]，e の値を式 (2.22) のように表すこともできる。

$$e = \frac{1}{0!} + \frac{1}{1!} + \frac{1}{2!} + \frac{1}{3!} + \cdots \left(= \lim_{N \to \infty} \sum_{k=0}^{N} \frac{1}{k!} \right) \tag{2.22}$$

式 (2.22) の右辺の値は，和をとる項の数をどんどん増やすほど，$(\star)$ の値に限りなく近づく [2]。

---

[1] 階乗の記号は $n! = n \times (n-1) \times (n-2) \times \cdots \times 2 \times 1$ で定義される。ただしこの定義式では，$n = 0$ のときの $n!$ を定義できない。したがって $n = 0$ のときだけは，この定義式と関係なく，特別に $0! = 1$ と約束することになっている。

[2] $(\star)$ の値へ近づく「速さ」の違いにも注目しよう。式 (2.21) を使った場合は $p = 10\,000$ でようやく 2.718 にたどり着けたが，式 (2.22) を使えば，たった $N = 6$ で 2.718 にたどり着ける。

$N = 0$ のとき　$\dfrac{1}{0!}$　　　　　　　　　　　$= \dfrac{1}{1} = 1$

$N = 1$ のとき　$\dfrac{1}{0!} + \dfrac{1}{1!}$　　　　　　　$= \dfrac{1}{1} + \dfrac{1}{1} = 2$

$N = 2$ のとき　$\dfrac{1}{0!} + \dfrac{1}{1!} + \dfrac{1}{2!}$　　　　$= \dfrac{1}{1} + \dfrac{1}{1} + \dfrac{1}{2} = 2.5$

$N = 3$ のとき　$\dfrac{1}{0!} + \dfrac{1}{1!} + \dfrac{1}{2!} + \dfrac{1}{3!}$　$= \dfrac{1}{1} + \dfrac{1}{1} + \dfrac{1}{2} + \dfrac{1}{6} = 2.67\cdots$

$\vdots$

$N = 6$ のとき　$\dfrac{1}{0!} + \dfrac{1}{1!} + \dfrac{1}{2!} + \dfrac{1}{3!} + \cdots + \dfrac{1}{6!} = 2.718\cdots$

ちなみに，式 (2.22) の形を使うと，e のおおよその値を憶えやすい。というのも，初めの三つの項がそれぞれ $1(= 1/0!)$，$1(= 1/1!)$，$0.5(= 1/2!)$ なので，e はこの三つの和 2.5 よりも若干大きな値ということになる。

　この無理数 e が特別扱いされる理由は，e を用いて定義された指数関数 e^x が，式 (2.23) の性質をもつためである。

$$\frac{d}{dx}e^x = e^x, \quad \int e^x dx = e^x \tag{2.23}$$

つまり，指数関数 $f(x) = e^x$ は，微分しても積分しても関数の形が変わらない†。実際，一般の実数 $a\ (> 0)$ を用いて定義された指数関数 a^x は，これを x で微分すると

$$(a^x)' = a^x \log_e a \tag{2.24}$$

となり，微分の前後で関数の形が変わってしまう。この a が上記の無理数 e と等しいときのみ，$\log_e e = 1$ なので

$$(e^x)' = e^x \tag{2.25}$$

となるのである。

---

†　厳密にいうと，式 (2.23) の左側で扱っている関数は，e^x ではなく任意の定数 $A(\neq 0)$ をかけた Ae^x とすべきである。また，式 (2.23) の右側にある積分は不定積分なので，その右辺には任意定数 C を付けて $e^x + C$ とすべきである。

無理数 e が特別な理由は $(e^x)' = e^x$ だから。

このように，微分しても積分しても式の形が不変となる関数は，この世で唯一 e^x だけなのだ。この珍しい性質ゆえに，微積分学では e が頻繁に登場するのである[†1]。

2.5　自然対数と常用対数

ところで，自然対数の底 e という用語に含まれている「自然対数」とは，はたしてなんだろうか?

じつは，数学でおもに用いる対数には，底の値に応じて，以下の3種類がある[†2]。

1)　自然対数〜無理数 e を底に用いた対数

　　　$\log_e 3$, $\log_e 10$, $\log_e e(=1)$ など。

2)　常用対数〜自然数 10 を底に用いた対数

　　　$\log_{10} 3$, $\log_{10} 10(=1)$, $\log_{10} 0.01(=-2)$ など。

3)　二進対数〜自然数 2 を底に用いた対数

　　　$\log_2 3$, $\log_2 16(=4)$, $\log_2 2^m(=m)$ など。

すなわち e は，自然対数 $\log_e A$ の底の役目を果たしているので，文字どおり「自然対数の底」と呼ばれるのである。ちなみに，数学や物理学などの分野では自然対数を使うことが多く，化学や工学では常用対数を用いることが多い。二進対数は，コンピュータと関わりの深い情報理論や計算機科学で活躍する対数である。

[†1]　式 (2.25) を証明するには，e の定義である式 (2.21) と，微分のもともとの定義に立ち返ればよい。詳しい導出は，5.4 節で行う。

[†2]　いちいち対数の底を書かずに，自然対数は ln (または Ln)，常用対数は log (または Log)，二進対数は lb (または lg) という記号で表すこともある。

章 末 問 題

【1】 つぎの式の値を求めよ。

(1) $\log_2 16$　　(2) $\log_3 \dfrac{1}{27}$　　(3) $\log_{10} 100$　　(4) $\log_2 \sqrt{32}$

【2】 つぎの式の値を求めよ。

(1) $\log_2 8 + \log_2 32$

(2) $\log_2 24 - \log_2 12$

(3) $\log_3 27 - \log_3 9 + \log_3 \sqrt{3}$

(4) $\log_3 18 + \log_3 6 - \log_3 4$

【3】 つぎの式を x について解け。

(1) $\log_2 (x - 2) = 2$

(2) $\log_2 x + \log_2 (x + 1) = \log_2 (8 - x)$

(3) $(\log_2 x)^2 + 3 \log_2 x - 4 = 0$

(4) $2(\log_3 x)^2 - \log_3 x - 3 = 0$

【4】 つぎの式を x について解け。

(1) $\log_e x = -6$

(2) $4 \log_e (2x + 5) = 8$

(3) $\log_e (12x) + \log_e (3x) = 4$

(4) $\log_e (x^4) + 2(\log_e x)^2 = 0$

【5】 つぎの関数の定義域を求めよ [†1]。

(1) $\log_e (-x)$　　(2) $\log_e (\log_e x)$　　(3) $\log_e \{\log_e (\log_e x)\}$

【6】 つぎの数はなんけたの数か [†2] 答えよ。ただし，$\log_{10} 2 = 0.301$，$\log_{10} 3 = 0.477$ とする。

(1) 2^{30}　　(2) 3^{33}　　(3) 6^{21}　　(4) 5^{13}　　(5) 12^{345}

[†1] 対数関数 $\log_e X$ の定義域は，$X > 0$ であることを思い出そう。つまり，真数の部分は必ず正でなければならない。

[†2] 1 から 9 までは 1 けたの数，10 から 99 までは 2 けたの数，100 から 999 までは 3 けたの数である。

【7】 つぎの式で定義された e と a_n を考える。

$$e = \lim_{n \to \infty} a_n, \quad a_n = \left(1 + \frac{1}{n}\right)^n$$

ただし $n = 1, 2, \cdots$ とする。(1)～(3) の誘導に従い，$e < 3$ であることを示せ。

(1)　二項定理を用いて $[1 + (1/n)]^n$ を展開し

$$a_n = A_1 + \frac{A_2}{2!} + \frac{A_3}{3!} + \cdots + \frac{A_n}{n!}$$

　　　を満たす A_k $(k = 1, 2, \cdots, n)$ を，n の式で表せ。

(2)　$n \geqq 2$ に対して，つぎの不等式が成り立つことを示せ。

$$a_n < 2 + \frac{1}{2!} + \frac{1}{3!} + \cdots + \frac{1}{n!}$$

(3)　すべての自然数 n に対して，$a_n < 3$ となることを示せ。

【8】 $a_n = \left(1 + \frac{1}{n}\right)^n$, $b_n = \left(1 - \frac{1}{n}\right)^n$ とする (ただし n は自然数)。

(1)　$b_n = \dfrac{1}{a_{n-1}} \times \dfrac{n-1}{n}$ を示せ。

(2)　$\lim_{n \to \infty} b_n$ を，e の式で表せ。

コーヒーブレイク

　対数のことを，なぜ日本語で「対数」と呼ぶのだろうか？

　対数という名前は，どうも英語の table of corresponding numbers (対応する数の表) に由来しているらしい。ヨーロッパから中国へ，対数という概念が初めて伝わったとき，x の値と $\log x$ の値をならべた表を，上記の名前で呼んだのが始まりとされている。その後，日本にもこの概念が紹介されたときに，対数という日本語を訳語として充てたのだそうな。

　「対」応する「数」なので，「対数」と呼ぶのは，まあ理にかなってる。しかしそれに比べて，「真数」という名前はいかがなものか？ 別に，真数の場所に書かれている数が，「真の」「本当の」数というわけでもなかろうに。

　一度名前が決まってしまうと，仮にそれが最適でなくとも，もう変わることはない。真数という名前は，そういった世の常の，一つの例かもしれない。

第3章　いろいろな関数

本章ではおもな初等関数[†1]と，それらに付随する基礎概念を解説する。

3.1　関数とはなにか

「関数」という言葉を聞いて，読者はどんな種類の関数を連想するだろうか？ すぐに思いつく例としては

二次関数: $y = ax^2 + bx + c$,　　平方根関数: $y = \sqrt{x}$

指数関数: $y = a^x$,　　対数関数[†2]: $y = \log x$

三角関数[†3]: $y = \sin x$,　　$y = \cos x$,　　$y = \tan x$

などがあるだろう。これらの関数は，微分積分学で登場する関数の代表格といえる。

　上で述べた例を含め，ありとあらゆる関数のすべてに共通する性質は，それが「ある一つの数」x と「別の数」y を関係づけるという点である (図 **3.1**)。

[†1]　一般に初等関数とは，多項式関数，指数関数，対数関数，三角関数，逆三角関数，双曲線関数およびそれらの組合せでつくられる関数を指す。

[†2]　本章以降では，(特に断らない限り) 対数といえばすべて自然対数のことを指すと約束する。この約束に伴い，今後は底の値を省略して，単に $\log x$ などと記す。

[†3]　これ以外にも，ややマイナーな三角関数として，$\csc x\,(= 1/\sin x)$, $\sec x\,(= 1/\cos x)$, $\cot x\,(= 1/\tan x)$ がある。左から順に，コセカント，セカント，コタンジェントと読む。

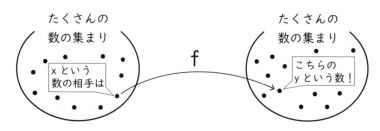

f というルールによって，x の相手が y に決まる！

図 3.1

　このように，数と数を対応づけるルールのことを「関数」と呼び[†1]，記号 f を用いて

$$y = f(x) \tag{3.1}$$

と表す。また，f というルールを介して x の値と y の値が結び付いていることを強調するために[†2]

$$f : x \to y \tag{3.2}$$

と表すこともある。

関数とは，数と数とを結び付けるルールである。

　平たくいえば関数とは，おもちゃ屋でときどき目にするガチャガチャ[†3](自販機) と同じだと思えばよい (図 3.2)。

[†1]　一昔前は，「函数」という別の漢字が用いられていた。「函」は「はこ」という意味である。
[†2]　式 (3.2) の左半分を，f と x の比 $f : x$ だと読み違えないこと。この式は，記号 f で表された関数によって $(f :)$, x が y に対応づけられている $(x \to y)$ ことを表している。
[†3]　コインを入れてレバーを回すと，カプセルに入った小さなおもちゃが出てくる小型販売機のこと。最近ではスーパーやショッピングモールに，ガチャガチャ専用のスペースが用意されていて，本当にバラエティに富んだミニチュアやマスコットが手に入る。

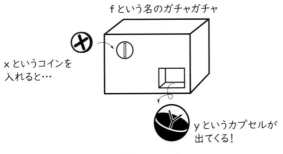

図 3.2

　図 3.2 のとおり，f という名のガチャガチャに x というコインを入れると，y というカプセルが出てくる。このように，ある数 x を別の数 y に変換する機械のことを関数と呼ぶのである (図 3.3)。関数は英語で function と呼ぶので，その頭文字である f を記号として使う。

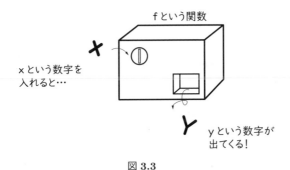

図 3.3

　ただし，1 枚のコイン x に対して，出てくるカプセル y は一つだけと約束しよう。コイン 1 枚でカプセルが二つも三つも出てくる夢のようなガチャガチャは，数学の世界で「関数」と呼ばないのである。コイン 1 枚入れたら，カプセルは必ず一つだけ，この辺り，数学は律儀なのである。

　上の約束を言い換えると，数学でいうところの関数とは，図 3.4 のような性質をもっていなければならない。

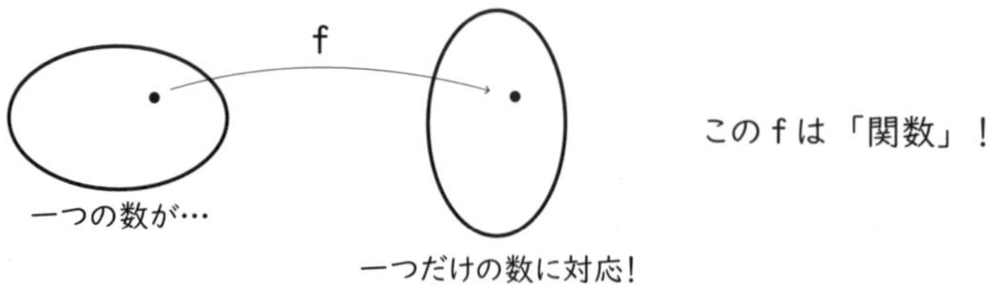

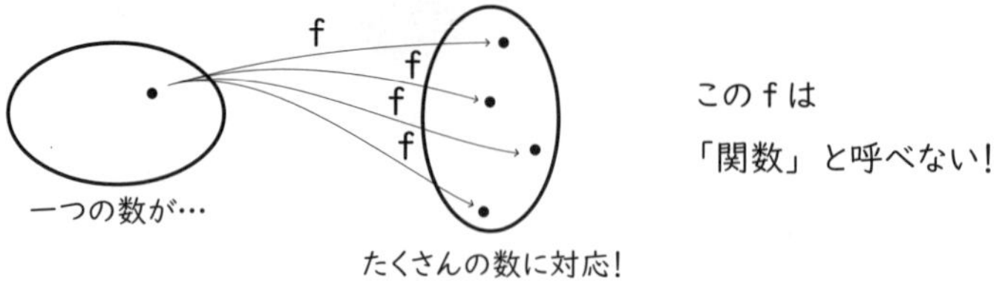

図 3.4

　こうした,「関数」に関する約束事は, 次節で登場する「逆関数」を考え
るときに特に重要となる。

　例 3.1　つぎのうち, 関数はどれか。関数ではないのはどれか。

(1)　$f(x) = \sqrt{x+1}$　　(2)　$f(x) = \pm\sqrt{x+1}$

(3)　$f(x) = |x+1|$　　(4)　$f(x) = (x+1)^2$

【解説】　この例の場合は, (2) で示した f だけが, 関数ではない。なぜなら
(2) の場合だと, 一つの x の値 (例えば $x = 0$) に対して, 二つの値 ($+1$ と -1)
が対応してしまうためである。　　　　　　　　　　　　　　　　　◀

3.2　逆 関 数 と は

　$y = f(x)$ という式は, ある与えられた数 x が, f というルールを介して
y という数に変換されるという状況を意味していた。これと逆の状況を, 式
(3.3) のような記号で表すとしよう。

$$x = f^{-1}(y) \tag{3.3}$$

この式は，与えられた数 y が，f^{-1} というルールを介して x という数に変換されるという状況を表す。この関数 f^{-1} を，f の逆関数と呼ぶ[†]。

例 3.2 三つの数の組 $\{1, 2, 3\}$ のおのおのが，関数 f によって

$$f(1) = 3, \quad f(2) = 7, \quad f(3) = 11 \tag{3.4}$$

のように変換されるとする (図 **3.5**)。このとき，f の逆関数 f^{-1} は

$$f^{-1}(3) = 1, \quad f^{-1}(7) = 2, \quad f^{-1}(11) = 3 \tag{3.5}$$

を満たす (図 **3.6**)。

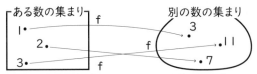

1 を f で変換すると 3 になる　[f(1)=3]
2 を f で変換すると 7 になる　[f(2)=7]
3 を f で変換すると 11 になる [f(3)=11]

図 3.5

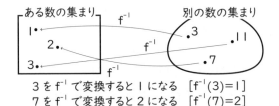

3 を f⁻¹ で変換すると 1 になる　[f⁻¹(3)=1]
7 を f⁻¹ で変換すると 2 になる　[f⁻¹(7)=2]
11 を f⁻¹ で変換すると 3 になる　[f⁻¹(11)=3]

図 3.6

[†] f の右肩にある -1 は，「マイナス 1 乗」を示す指数「ではない」。けっして f の逆数 $f^{-1} = (1/f)$ という意味ではないことに注意しよう。

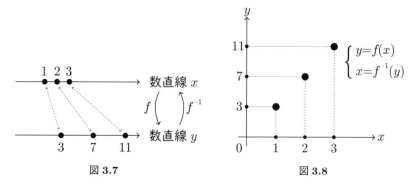

図 3.7   図 3.8

　ちなみに，こうした数と数の対応関係は，数直線を用いて表すこともできる。例えば**図 3.7** では，数直線 x の上にある数の一つ一つが，数直線 y の上にある数に，f というルールを介して対応づけられている。さらに，数直線 y の向きを縦向きにして，**図 3.8** のように二つの数直線を縦軸・横軸とみなすと，数と数との対応関係を x-y 平面上のグラフとして表すことができる。

3.3　逆関数があるための条件とは

　ここで一つ，とても大事な注意がある。逆関数 f^{-1} という考え方が成り立つためには，もとの関数 f によって，一つ一つの数がそれぞれ別々の数に対応づけられている必要がある。つまり，x_1 と x_2 がたがいに異なる数ならば，$f(x_1)$ と $f(x_2)$ もたがいに異なっていなければならないのだ。

逆関数 f⁻¹ があるためには，
x₁≠ x₂ に対して必ず f(x₁)≠f(x₂)。

　もし，たがいに異なる x_1 と x_2 に対して，$f(x_1)$ と $f(x_2)$ が等しくなってしまう場合は，もはやその関数 f の逆関数 f^{-1} は存在しない（f^{-1} を定義することができない）。その例を，**図 3.9** に示す。

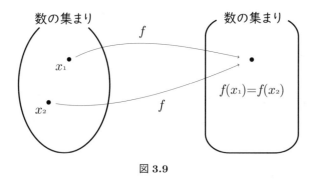

図 3.9

図 3.9 では, f というルールによって, x_1 と x_2 がまったく同じ一つの数に対応づけられている。もしこのような状況で, むりやり f の逆関数 f^{-1} を定義しようとすると, どうなるだろうか?

それを調べるために, 以下では $f(x_1)$ $[= f(x_2)]$ を y_0 と置き換え, これを f^{-1} で変換することを考えよう (図 3.10)。

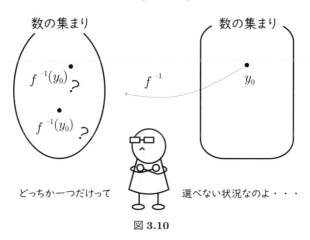

図 3.10

もともとは

$$f : x_1 \to y_0 \quad \text{かつ} \quad f : x_2 \to y_0 \tag{3.6}$$

であったのだから, その逆を考えると

$$f^{-1} : y_0 \to x_1 \quad \text{かつ} \quad f^{-1} : y_0 \to x_2 \tag{3.7}$$

となるべきである。つまりこの場合, f^{-1} というルールによって, ある一つの数 y_0 が, 別々の二つの数 x_1 と x_2 に対応づけられてしまうのだ。こうなると, 3.1 節で述べた約束に反してしまうので, この f^{-1} を関数の一種と呼ぶことはできない。こうした理由から, 図 3.9 で示された関数 f は, 逆関数 f^{-1} をもたないのである。

上と同じ状況を, 今度はグラフを使って説明してみよう (図 **3.11**)。

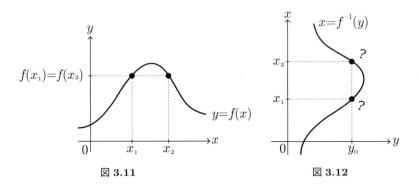

図 **3.11**　　　　図 **3.12**

図 3.11 に示した $y = f(x)$ のグラフは, 二つの数 x_1 と x_2 を, ともに同じ数 $f(x_1)[= f(x_2)]$ に対応づけている。後者の数を y_0 と置き換えて, 関数 f の逆関数 f^{-1} をむりやり考えようとすると, $f^{-1}(y_0)$ という数ははたして x_1 なのか x_2 なのか, 一つに決めることができなくなってしまう (図 **3.12**)。つまり, 図 3.11 のようなグラフをもつ関数 f は, 逆関数 f^{-1} をもたないのである。

以上をまとめると, つぎのことがいえる。

　　関数 f が逆関数 f^{-1} をもつのは, $x_1 \neq x_2$ に対して,
　　常に $f(x_1) \neq f(x_2)$ であるときに限る! (♣)

これは, つぎのようにも言い換えられる。

関数 f が逆関数 f^{-1} をもつのは，

$y = f(x)$ のグラフが水平線 $y = c$ と

<u>一つしか交点をもたない</u>ときに限る！ （♠）

　ある関数 f が上記の (♣) や (♠) を満たすとき，その f は「1 対 1 である」または「1 対 1 の関数である」と表現する†。f が逆関数をもつためには，その f は 1 対 1 でなければならないのである。

> ## 逆関数 f⁻¹ を定義できるのは，
> ## もとの関数 f が I 対 I のときだけ!

　例 3.3　つぎのうち，1 対 1 の関数はどれか。

(1)　$y = \sqrt{x+1}$　　　(2)　$y = \pm\sqrt{x+1}$

(3)　$y = |x+1|$　　　(4)　$y = (x+1)^2$

【解説】　この中で 1 対 1 関数なのは，(1) だけである。

　まず (2) の場合は，1 対 1 ではないどころか，そもそも関数でさえもない。その理由は，一つの x の値 (例えば $x = 0$) に対して，二つの y の値 ($+1$ と -1) が対応してしまうためである。

　つぎに (3) の場合は，一つの y の値 (例えば $y = 1$) に対して，二つの x の

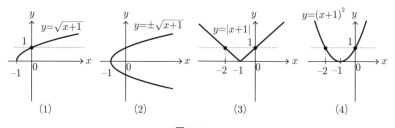

図 **3.13**

---

†　1 対 1 であることを，全単射である，ともいう。

値 ($x = 0$ と $x = -2$) が対応してしまうため，1 対 1 の関数ではない。(4) の場合も同様である。言い換えると，(3) と (4) では，グラフが水平線と交点を二つもってしまうので，これらは 1 対 1 の関数ではない (図 **3.13**)。　◀

3.4　f の値域は f^{-1} の定義域

一般に，f の定義域 [†1] と，f^{-1} の定義域は異なることに注意しよう。結論からいうと

　　　f の定義域　が　f^{-1} の値域 [†2]　となり，

　　　f の値域　が　f^{-1} の定義域　となる。

つまり，f と f^{-1} では，定義域と値域が入れ替わるのである。その例を例 3.4 に示す。

例 3.4　$y = f(x) = e^x$ のとき，$x = f^{-1}(y) = \log y$ である (図 **3.14**)。

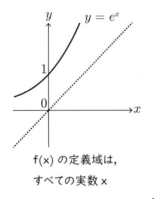

f(x) の定義域は，
すべての実数 x

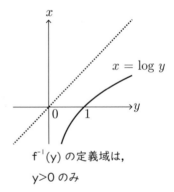

f⁻¹(y) の定義域は，
y>0 のみ

図 **3.14**

[†1]　一般に，関数 $z = f(u)$ の定義域とは，変数 u のとりえる値の範囲を指す。
[†2]　一般に，関数 $z = f(u)$ の値域とは，z のとりえる値の範囲を指す。

この例の場合

$y = f(x)[= e^x]$ の定義域は「すべての」実数,

値域は   「正の」実数,

である。それに対して

$x = f^{-1}(y)[= \log y]$ の定義域は「正の」実数,

値域は   「すべての」実数,

である。すなわち f と f^{-1} で,定義域と値域は逆転するのだ。こうした性質は,逆関数のグラフを描くときに,特に重要となる。

さらに,上記の性質に注目すると,ある関数 $y = f(x)$ の定義域を<u>わざと</u>縮めることで,むりやりその逆関数 $x = f^{-1}(x)$ をつくりだせることがわかる。その例として例 3.5 を示す。

例 3.5

(1) $y = f(x) = x^2$ の定義域 (つまり x の動ける範囲) を,すべての実数とする。このとき,f は 1 対 1 関数ではないので,逆関数をもたない (図 **3.15**)。

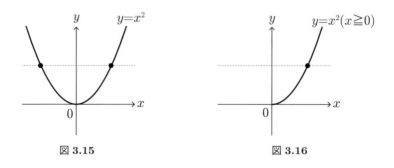

図 **3.15**   図 **3.16**

(2) $y = f(x) = x^2$ の定義域を $x \geq 0$ とする。このときは f は 1 対 1 関数なので,f は逆関数 $x = f^{-1}(y) = \sqrt{y}$ をもつ (図 **3.16**)。

　この例の場合，(1) のグラフは水平線と交点を二つもつ (図 3.15) ので，1
対 1 関数ではなく，逆関数をもてない。しかし定義域を「$x \geqq 0$ だけ」に縮
めれば，水平線との交点の数は一つだけになる (図 3.16)。このときは逆関数
f^{-1} が存在し，f と f^{-1} の関係は**図 3.17** のように図示される。

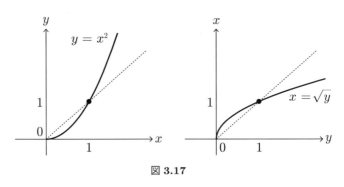

図 3.17

　このように，もとの関数 f の定義域を縮めて逆関数 f^{-1} をつくりだすと
いう方法は，$\sin x$ や $\cos x$ などの三角関数の逆関数を考えるときに，重要と
なる (3.11 節を参照)。

3.5　指　数　関　数

　指数関数とは，$f(x) = a^x$ (ただし $a > 0$) の形で定義される関数である。図
3.18 には，三つの指数関数

$$y = 2^x, \quad y = e^x, \quad y = 4^x \tag{3.8}$$

のグラフ曲線を示した[†]。これらの曲線には，以下のような共通した特徴が
あることに注意しよう。

　1)　y 切片の位置が，すべて点 $(0, 1)$ である。

[†]　関数 e^x のことを，$\exp(x)$ と書く場合もある。ここで記号 $\exp$ は，指数を意味する英単
　　語 "exponent" の略である。

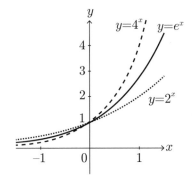

図 3.18 $y = 2^x$(点線), $y = e^x$(実線),
$y = 4^x$(破線) のグラフ曲線

2) すべて，下に凸の単調増加曲線である。

3) $y = a^x$ における a の値が大きいほど，増加のスピードが速い。

たくさんある指数関数 $y = a^x$ のうち，底 a の値を $a = e$ とした場合の指数関数 $y = e^x$ だけが，つぎの重要な特徴をもつ[†]。

曲線 y=eˣ は，y 切片における接線の傾きが 1 に等しい。

このように，ある関数 $f(x)$ (いまの場合は $f(x) = e^x$) が与えられたときには，いくつかの代表的な点 $x = a$ (いまの場合は $x = 0$) における接線の傾き $f'(a)$ をあらかじめ知っておくと，きれいなグラフを描くことができる。

ちなみに，e を底とする指数関数 $f(x) = e^x$ は，自然現象や社会現象を論じる際には頻繁に登場する。以下に，ほんの数例を紹介する。

例 3.6 地表大気の圧力 p と密度 ρ

[†] 曲線 $y = e^x$ の $x = 0$ における接線は，傾きが 1，y 切片が 1 なので，$y = x + 1$ と書ける。これはつまり，$x = 0$ の十分近くでは，指数関数 e^x が多項式 $x + 1$ で近似できることを意味している。詳しくは第 8 章を参照のこと。

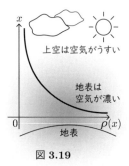

図 3.19

地表から高さ x の点における大気の圧力 p と密度 (または濃度)ρ は，ともに式 (3.9) に従う[†1][†2]。

$$p(x), \rho(x) \propto e^{-cx} \quad [c \text{ は定数}] \tag{3.9}$$

すなわち，高いところに上れば上るほど，気圧と空気濃度は急速に (=指数関数的に) 減少する (図 **3.19**)。その理由は，高いところでは地球の引力が弱いために，あまり多くの空気分子を地球の近くに引きつけておくことができないためである。したがって，エベレストなどの高い山の上では，地上よりも酸素濃度が薄くなり，しばしば高山病などの原因となる。

例 3.7　人口の増加

ある年 x における，ある国の人口を $n(x)$ とおく。最も単純に考えると，人口が多いほど結婚するカップルの数が多く，産まれる子供の数も多いであろう (図 **3.20**)[†3]。

よって翌年までの人口増加率 dn/dx は，式 (3.10) のように，その年の人口 $n(x)$ に比例すると考えてよい。

$$\frac{dn(x)}{dx} = an(x) \quad [a \text{ は定数}] \tag{3.10}$$

ゆえにこの国の人口変化は

図 3.20

---

†1　記号 $\propto$ は，「比例する」の意。

†2　正しくいうと $c = gM/(RT)$ であり，g は重力加速度，M は大気の平均分子量，R は気体定数，T は気温を意味する。

†3　もちろんこれはきわめて荒っぽい仮定であり，現実とはそぐわない。子供の出生率は結婚や出産に関わる人々の行動選択によって決まる部分が大きいため，精密な予測をするには，より現実的な仮定をおく必要がある。

$$n(x) \propto e^{ax} \tag{3.11}$$

と表され, 年とともに急速に (指数関数的に) 人口が増大すると予測される[1]。

例 3.8 化学物質の反応速度 v の温度 T 依存性

一般に化学反応の速度 v は, 式 (3.12) のように
温度の低下に伴い急速に (指数関数的に) 減少する
(図 **3.21**)。

$$v(T) \propto e^{-c/T} \quad [c は定数] \tag{3.12}$$

図 3.21

私たちが冷蔵庫を使う理由はここにある。食品を
冷却すると, その中に含まれている微生物や細菌の活性が, 式 (3.12) に従っ
て著しく低下する (図 **3.22**)。この性質を利用して, 食品の腐食・腐敗を抑
制し, 長期保存を実現しているのである[2]。

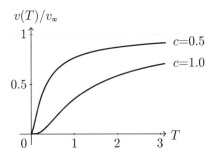

図 3.22 $v(T) = v_\infty e^{-c/t}$ のグラフ曲線。いずれの曲線も,
温度 T が下がるほど, 反応速度 $v(T)$ は抑制され
る。また, $T \to \infty$ の極限で, $v(T) \to v_\infty$ である。

---

[1] 日本の場合に当てはめると, この指数関数的な人口増加は, 明治の中頃から 1970 年代
初めまでの人口増加をかなりよく再現している。

[2] ただし, 単純に温度を下げればよいというものでもない。実際, 水は何度凍らせても飲
めるけど, ビールや炭酸飲料は一度凍らせると品質が損なわれてしまう。

3.6 対 数 関 数

対数関数とは，正の数 x に対して $y = \log x$ の形をした関数である。対数
関数は，指数関数 $y = e^x$ とたがいに逆の関係にある (図 **3.23**)[†]。

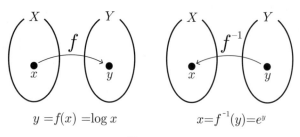

$$y = f(x) = \log x \qquad\qquad x = f^{-1}(y) = e^y$$

図 3.23

図 **3.24** には，$y = \log x$ のグラフ曲線を示した。図からわかるとおり，曲
線は $x > 0$ の領域だけに存在する。このことは，第 2 章で述べた，対数が満
たすべき真数条件と，確かにつじつまが合っている。

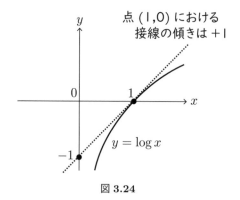

図 3.24

[†]　$y = \log x$ と $x = e^y$ は，どちらも「二つの数 x と y の関係を決めるルール」を表して
いる。式の見た目はたがいに異なるが，どちらもまったく同じルールを意味しているこ
とに注意しよう。

また，グラフ上の点を y 軸の右側 $(x > 0)$ から $x = 0$ にどんどん近づけると，$x \to +0$ の極限で $y \to -\infty$ に発散することがわかる[1]。逆に，x を限りなく大きくすると，$(x \to +\infty)$，y も同様に限りなく大きくなる $(y \to +\infty)$。

接線の傾きにも注目してほしい。図 3.24 が示すとおり，曲線 $y = \log x$ の点 $(1,0)$ における接線の傾きは，1 に等しい[2]。

曲線 y=log x は，x 切片における接線の傾きが 1 に等しい。

例 3.9　pH(ピー・エイチ) は[3]溶液中の水素イオン濃度 $[H^+]$(mol/L) を表す量であり，式 (3.13) のような対数を用いた式で定義される。

$$\mathrm{pH} = -\log_{10}[H^+] \tag{3.13}$$

例えば 1 L の溶液の中に，水素イオン H^+ が 10^{-7} mol あったとしよう[4]。すると，この溶液の pH は

$$\mathrm{pH} = -\log_{10}(10^{-7}) = 7 \tag{3.14}$$

となる。この pH 値の状態を中性と呼ぶ[5]。これよりも $[H^+]$ が多い場合を酸性，少ない場合をアルカリ性という。

---

[1]　ここで用いた記号 $x \to +0$ は，x が 0 の右側 (0 よりも大きい側) から 0 に近づく，の意味である。また記号 $y \to -\infty$ は，y が負の無限大に発散する，の意味である。

[2]　図 3.24 からわかるとおり，$y = \log x$ の接線の式は $y = x - 1$ である。よってすべての正の実数 x について $\log x \leqq x - 1$ が成り立つことがわかる。さらに $x = 1$ の十分近くでは，曲線と接線がほとんど重なることから，$\log x \cong x - 1$ と近似できることもわかる。

[3]　一昔前は，pH のことをドイツ語の発音で，ペーハーと呼んだ。

[4]　ここで mol(モル) とは，分子 (または原子) の数を数えるときに使われる単位である。1 mol は，約 6×10^{23} 個の分子 (原子) を指す。「1 ダース」という単位が「12 個」を指すのと同じ理屈である。

[5]　真水 (純水) がこれに相当する。混じり気のない真水には，水分子 H_2O しか存在しないと誤解する人がいるが，そうではない。真水の中では，水分子のごく一部が電離しており，ごく少数の H^+ イオン (1L 当り 10^{-7}mol) が存在するのである。

例 **3.10**　地震の大きさを表すマグニチュード M は，その地震が発する
エネルギー E と，式 (3.15) のような対数の関係で結ばれている [1]。

$$1.5M = \log_{10} E - 4.8 \tag{3.15}$$

この式から，マグニチュード M が 1 だけ増えると，地震のエネルギー E
は $10^{1.5} \fallingdotseq 32$ 倍だけ増えることがわかる [2]。わずかな M の違いが，巨大な
エネルギー差を生むのである [3]。

3.7　三角関数を定義する 3 種類の方法

三角関数の定義を，いくつかの異なる視点から与えてみよう。

〔**1**〕　**三角比を使った定義**　　最もわかりやすい定義は，三角形の辺の長
さの比を用いた定義であろう。例えば図 **3.25** に示した直角三角形の三辺の
長さ a, b, c を用いると，三つの三角関数をつぎのように定義できる。

$$\sin\theta = \frac{b}{c}, \quad \cos\theta = \frac{a}{c}, \quad \tan\theta = \frac{b}{a}$$

ただしこの定義は，図 3.25 の θ が鋭角 $(0 < \theta < \pi/2)$ の場合しか使えない。
そこで，θ がどんな値もとれるように，三角関数の定義を拡張したい，と考
えるのは自然な発想であろう。それを可能にするのが，単位円を使った〔2〕
の定義である。

---

[1]　式 (3.15) の右辺の E には，エネルギーの単位〔J(ジュール)〕で換算した値を代入する。
[2]　ここで $\fallingdotseq$ は，「ほぼ等しい」という意味の記号である。これと同じ意味で $\sim$ や $\approx$，$\approx$ な
　　どもよく使われる。ちなみに日本を含む東アジアでは，$\fallingdotseq$ が使われる傾向がやや強く，
　　それ以外の地域では後者三つのいずれかが使われる傾向がある。
[3]　マグニチュードが 9 程度以上の地震を，超巨大地震と呼ぶ。観測史上最大の地震は，1960
　　年 5 月に南米チリで発生したマグニチュード 9.5 の超巨大地震である。東日本大震災と
　　比較して，約 5 倍のエネルギーが発生したといわれる。

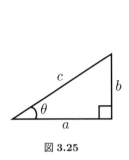

図 **3.25**

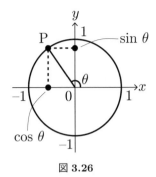

図 **3.26**

〔2〕　**単位円を使った定義**　　図 **3.26** に示した単位円上の点 P の x 座標を $\cos\theta$, y 座標を $\sin\theta$ と定義し，それらの比を用いて $\tan\theta = \sin\theta/\cos\theta$ と定義する。この定義を用いれば，θ が鋭角の場合に限ることなく，任意の θ の値に対して三角関数を定義できる [†1]。

さらに図 3.26 からわかるとおり，原点から点 P までの長さは，θ の値によらず常に 1 である。このことから，恒等式

$$\sin^2\theta + \cos^2\theta = 1 \tag{3.16}$$

が自然に導かれる。

三角関数 cos θ，sin θ とは，
単位円上にある点 P の座標である。

〔3〕　**複素数を用いた定義**　　虚数単位 i と自然対数の底 e を用いると，式 (3.17) のような定義も可能である [†2]。

$$\cos\theta = \frac{e^{i\theta} + e^{-i\theta}}{2}, \quad \sin\theta = \frac{e^{i\theta} - e^{-i\theta}}{2i}, \quad \tan\theta = \frac{\sin\theta}{\cos\theta} \tag{3.17}$$

[†1]　θ が鋭角の場合は，先の定義〔1〕とも一致することを確認してみよう。

[†2]　この定義の詳細は，付録 A.2 で述べる。

3.8   三角関数のグラフの大事な性質

図 **3.27**, 図 **3.28** は，三つの三角関数 $y = \sin x$, $y = \cos x$, $y = \tan x$ のグラフ曲線である。これらのグラフの大事な性質を，以下 〔1〕 〜 〔3〕 にまとめる。

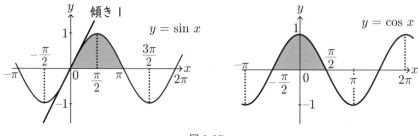

図 **3.27**

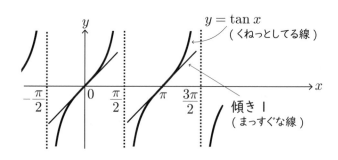

図 **3.28**

〔**1**〕   **原点における接線の傾き**   三つの三角関数のグラフはいずれも，原点における接線の傾きが，とてもキリのよい値である (具体的には，1 か 0 のどちらかである)。実際，微分の記号を用いると，それぞれの接線の傾きは

$$\left.\frac{d\sin x}{dx}\right|_{x=0} = 1, \quad \left.\frac{d\cos x}{dx}\right|_{x=0} = 0, \quad \left.\frac{d\tan x}{dx}\right|_{x=0} = 1 \qquad (3.18)$$

という式で表される†。特に $y = \sin x$ と $y = \tan x$ については，原点における接線の傾きが 1 であることに注意すると，きれいなグラフが描ける。

〔**2**〕 **一山分の面積**　　図 3.27 の灰色部分の面積は，2 に等しい。これと同じことを積分を用いて表現すると，式 (3.19) のようになる。

$$\int_0^\pi \sin x \, dx = 2, \quad \int_{-\frac{\pi}{2}}^{\frac{\pi}{2}} \cos x \, dx = 2 \qquad (3.19)$$

〔**3**〕 **$\sin x$ と $\tan x$ の大小関係**　　二つのグラフ $y = \sin x$ と $y = \tan x$ について，$0 \leqq x \leqq \pi/2$ の範囲に含まれる部分だけを抜き出してみよう。そこに直線 $y = x$ も加えて，三つのグラフを比べると (**図 3.29**)，式 (3.20) の大小関係が成り立つことがわかる。

$$\sin x < x < \tan x \quad \left(\text{ただし } 0 \leqq x \leqq \frac{\pi}{2}\right) \qquad (3.20)$$

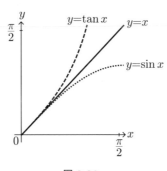

図 3.29

さらに図 3.29 からは，つぎのこともわかる。x の値が $x = 0$ に十分近ければ，$y = \sin x$ と $y = \tan x$ のグラフは，どちらも傾き 1 の直線 (つまり $y = x$) とほぼ重なっている。よって，x の値が十分小さい場合に限り

---

† 記号 $\left.\dfrac{df(x)}{dx}\right|_{x=a}$ は，関数 $f(x)$ を x で微分して得られる導関数 $f'(x)$ の式に，$x = a$ を代入するという意味である。

$$\sin x \cong x, \quad \tan x \cong x \tag{3.21}$$

と近似できるのだ[†]。そしてじつは，こうした近似を用いると，微分や積分のいろいろな計算が劇的に簡単になるのである。その具体的な例は，第8章で紹介する。

コーヒーブレイク

「円周率ってなに？」と聞かれたら，あなたはどう説明するだろうか？

「3.14です」って答えたあなた，残念ながら，間違っています。

「3.1415926… って，無限につづく小数だよ」と答えたあなた，数字は合ってますが，本質から外れてます。

「π です」って答えたあなた，それは使う言葉を代えただけで，説明になってません。

正解は，つぎのとおりです。

　　　　円周率とは，円周の長さと直径の『比』である。

つまり，あなたがどんな大きさの円を描いても，円周と直径の比 「(円周) ÷ (直径)」は，必ず同じ値となる。この一定値のことを，数学の専門用語で，円周率と呼ぶのだ。「円周が (直径に比べて) どれだけ長いか」を表す比率だから，これを円周率と呼ぶのである。

この，一分の隙もあいまいさもなく，明瞭に簡潔に定義された数を，むりやり小数の形で表すと，前述の無限小数 3.1415926… が出てくるに過ぎない。さっきの答えが本質から外れているというのは，そういう意味である。

本質を掘り出して，それを疑うこと。見つけた本質を言葉にすること。大学で学ぶべきことって，けっきょくこれらに尽きると思います。

---

† ただしこの近似式は，弧度法 (角度の単位を 1 ラジアンとする記法) を用いて x の値を表現することを前提としている点に注意。実際，図 3.29 でも，直角 (度数法でいうところの 90°) に相当する値を $\pi/2$ ラジアンという値で表現している。

3.9 双 曲 線 関 数

3.7 節で解説した三角関数には，その親戚に当たる 2 種類の関数がある。その一つは「双曲線関数」，もう一つは「逆三角関数」と呼ばれるものであり，いずれも高校の数学の範囲ではほとんど登場しない関数である。本節では，まず前者の双曲線関数について，その定義と性質を述べる。

双曲線関数とは，二つの指数関数 e^x と e^{-x} の組合せとして，式 (3.22)～(3.24) で定義される関数である[†]。

$$\sinh x = \frac{e^x - e^{-x}}{2} \tag{3.22}$$

$$\cosh x = \frac{e^x + e^{-x}}{2} \tag{3.23}$$

$$\tanh x = \frac{\sinh x}{\cosh x} = \frac{e^x - e^{-x}}{e^x + e^{-x}} \tag{3.24}$$

ここで 記号 sinh はハイパボリックサイン (hyperbolic sine) と読む。ときどき，三角関数の $\sin(h)$ (=サイン エイチ) だと勘違いする人がいるが，sinh の 4 文字で一つの記号なので注意してほしい。同様に，cosh は ハイパボリック コサイン，tanh はハイパボリック タンジェントと読む。

ちなみにハイパボリック (hyperbolic) とは，「ハイパーボラ (hyperbola)＝双曲線」という言葉の形容詞で，「双曲的な」という意味を表す。なぜ双曲線関数が，この「双曲的な」という言葉を冠するのか？ その理由は，次節で簡単に述べる。

図 **3.30** に，三つの双曲線関数のグラフの概要を示す。まず $y = \cosh x$ は，

[†] ちなみに，付録 A.2 で述べた三角関数の定義を用いると，$\cosh(x) = \cos(ix)$, $\sinh(x) = i\sin(ix)$ という関係を導ける。つまり，三角関数の変数として純虚数を代入すると，双曲線関数が自然に現れるのである。

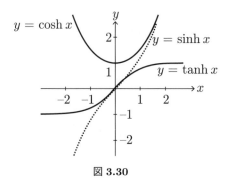

図 **3.30**

点 $(0,1)$ を通り，放物線と似た曲線となる。グラフからわかるとおり，$\cosh x$ の値は必ず 1 以上となる。

つぎに $y = \sinh x$ は，原点を通り，右斜め上にのびるクネッとした曲線となる。先ほどと違って，$\sinh x$ の値は正にも負にもなりえる。

最後に $y = \tanh x$ の曲線は，二つの水平線 $y = +1$ と $y = -1$ の間だけに存在し，階段一段分の角を削って滑らかにしたような曲線となる。

つぎの例 3.11 に示した二つの関係式は，双曲線関数の最も基本的な性質である [1]。

例 3.11　式 (3.25) の二つの恒等式を証明しなさい [2]。

$$\cosh^2 x - \sinh^2 x = 1, \qquad 1 - \tanh^2 x = \frac{1}{\cosh^2 x} \tag{3.25}$$

【解説】　$\cosh x$ と $\sinh x$ をそれぞれ二乗すると，定義より

---

[1]　例 3.11 に示すとおり，双曲線関数の n 乗は，三角関数の場合と同様に，$\cosh^n x = (\cosh x)^n$, $\sinh^n x = (\sinh x)^n$, などと書かれることが多い。

[2]　これらの関係式は，よく知られた三角関数の性質

$$\cos^2 x + \sin^2 x = 1, \quad 1 + \tan^2 x = \frac{1}{\cos^2 x}$$

に対応したものである。ただし符号の違いに注意すること。

$$\cosh^2 x = \left(\frac{e^x + e^{-x}}{2}\right)^2 = \frac{e^{2x} + 2 + e^{-2x}}{4} \tag{3.26}$$

$$\sinh^2 x = \left(\frac{e^x - e^{-x}}{2}\right)^2 = \frac{e^{2x} - 2 + e^{-2x}}{4} \tag{3.27}$$

最左辺どうしと最右辺どうしを引き算すれば，式 (3.28) のとおり一つ目の恒等式を得る。

$$\cosh^2 x - \sinh^2 x = \frac{2}{4} - \left(\frac{-2}{4}\right) = 1 \tag{3.28}$$

つぎに，$\tanh x$ を二乗して変形すると

$$\tanh^2 x = \left(\frac{\sinh x}{\cosh x}\right)^2 = \frac{\cosh^2 x - 1}{\cosh^2 x} = 1 - \frac{1}{\cosh^2 x} \tag{3.29}$$

となり，二つ目の恒等式を得る。　　　　　　　　　　　　　　　　　◀

3.10　双曲線関数の名前の由来

ところで，なぜ双曲線関数には「双曲線」という名前が付いているのか？その由来は，x-y 平面上の双曲線 [†1] が，双曲線関数を使ったパラメータ表示で表されることによる。

よく知られるとおり，x-y 平面上の単位円 [†2] は，三角関数を使ったパラメータ表示

$$(x, y) = (\cos\theta, \sin\theta) \tag{3.30}$$

で表せる (図 **3.31**)。実際，この表式からパラメータ θ を消去すると，円 $x^2 + y^2 = 1$ を得る。

[†1]　双曲線とは，二つの定点 A,B からの距離の差 |PA−PB| が一定となるような点 P の軌跡である。ちなみに，距離の和 PA+PB が一定となる点 P の軌跡は楕円，距離の積 PA·PB が一定となる点 P の軌跡は「カッシーニの卵形線」，距離の商 PA/PB が一定となる点 P の軌跡は「アポロニウスの円」と呼ばれる。

[†2]　単位円とは，原点を中心とする半径 1 の円のこと。

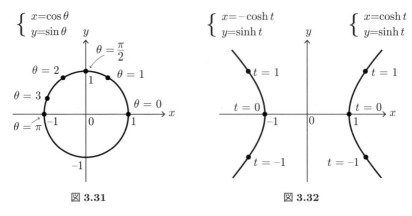

図 **3.31**   図 **3.32**

これと同様に，x-y 平面上の双曲線 $x^2 - y^2 = 1$ は，パラメータ表示

$$(x, y) = (\cosh t, \sinh t) \tag{3.31}$$

で表せるのである。それを証明するには，式 (3.31) を

$$x = \cosh t, \quad y = \sinh t \tag{3.32}$$

と分解して，式 (3.33) のように，両辺の二乗の差をとればよい。

$$x^2 - y^2 = (\cosh^2 t) - (\sinh^2 t) \tag{3.33}$$

式 (3.33) の右辺は，t の値にかかわらず，常に 1 に等しい (例 3.11 を参照)。つまり，式 (3.31) で表された x と y は，必ず $x^2 - y^2 = 1$ という等式を満たすのである。

図 **3.32** は，パラメータ t が $-\infty$ から ∞ まで動いたときに，式 (3.31) で表された点 (x, y) が双曲線の右半分を動く様子を示している。ちなみに，左半分のグラフ $(x < 0)$ を双曲線関数で表したい場合は，x の符号を変えて

$$(x, y) = (-\cosh t, \sinh t) \tag{3.34}$$

とすればよい。

3.11　逆三角関数

　三角関数の親戚に当たる二つ目の関数は，逆三角関数である。ではいったい，なにが「逆」なのか？

　一般に，与えられた関数 $y = f(x)$ に対して，$x = g(y)$ を満たす関数 g を f の逆関数と呼ぶのであった。例えば，x^2 の逆関数は $\sqrt{x}$ であるし，e^x の逆関数は $\log x$ である。これと同様に，三角関数 $\sin x, \cos x, \tan x$ についても，逆関数を定義することができ，それらをまとめて「逆三角関数」と呼ぶ。

　逆三角関数には，以下の3種類がある[†]。

$$x = \sin y \text{ が成り立つとき} \iff y = \arcsin x$$

$$x = \cos y \text{ が成り立つとき} \iff y = \arccos x$$

$$x = \tan y \text{ が成り立つとき} \iff y = \arctan x$$

ここで，記号 arcsin は「アークサイン」と呼ぶ。同様に，arccos は「アークコサイン」，arctan は「アークタンジェント」と呼ぶ。アークとは，英語で「円弧」(円周の一部) を意味する言葉である。なぜ円周に関係する名前がついてるのか？　その理由は，次節で説明する。

　三つの逆三角関数のグラフを図 **3.33** に示した。これらはいずれも，もとの三角関数 ($y = \sin x$ など) のグラフを，90° の角度でクルっと回転させたグラフになっている。なお，図 3.33 からわかるとおり，$\arcsin x$ と $\arccos x$ の定義域 (つまり変数 x の動ける範囲) は，$-1 \leqq x \leqq 1$ に限定されていることに注意しよう。一方 $\arctan x$ の場合だけは，x は $-\infty$ から $+\infty$ まで自由に動ける。

[†]　$\arcsin x$ などは，かっこ ( ) をつけて $\arcsin(x)$ と書いてもよい。また，$\arcsin x$ を $\sin^{-1} x$ や $\mathrm{Sin}^{-1} x$ や $\mathrm{Arcsin}\, x$ などと書く流儀もある。

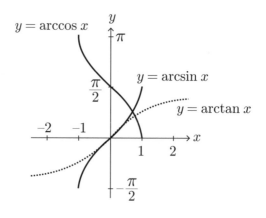

図 **3.33**

　ちなみに，よくある間違いとして，$\arctan x$ を $\arcsin x/\arccos x$ だと勘違いしてしまうケースがある。$\tan x = \sin x/\cos x$ という関係式から連想してしまうのだろうが，これは間違いである。十分注意されたい。

$$\text{注意! } \arctan x = \frac{\arcsin x}{\arccos x} \text{ は間違い!}$$

　例 3.12　つぎの値を求めよ。

　(1)　$\arcsin(1)$　　(2)　$\arccos(0)$　　(3)　$\arctan(-1)$

【解説】　逆三角関数にまだ慣れていないうちは，まず与えられた逆三角関数を，θ に等しい，とおけばよい。例 3.12 の (1) であれば，まず

$$\theta = \arcsin(1) \tag{3.35}$$

とおいて，これを

$$\sin\theta = 1 \tag{3.36}$$

と変形すればよいのである。式 (3.36) を満たす θ の値は

$$\theta = \frac{\pi}{2} \tag{3.37}$$

だと，すぐにわかるだろう。すると，式 (3.35) と式 (3.37) を比べることで

$$\arcsin(1) = \frac{\pi}{2} \tag{3.38}$$

という答えを得る。例 3.12 の (2) と (3) についても同様に

$$\theta = \arccos(0) \ \Rightarrow \cos\theta = 0 \ \Rightarrow \theta = \frac{\pi}{2} \ \Rightarrow \arccos(0) = \frac{\pi}{2}$$

$$\theta = \arctan(-1) \ \Rightarrow \tan\theta = -1 \ \Rightarrow \theta = -\frac{\pi}{4} \ \Rightarrow \arctan(-1) = -\frac{\pi}{4}$$

と解ける。　◀

3.12　逆三角関数と単位円の意外な関係

逆三角関数の記号に使われている接頭辞 "arc" には，英語で円の弧の意味がある。なぜここで円弧がでてくるかというと，じつは半径 1 の円 (単位円)の弧の長さ ℓ が，逆三角関数と密接に関係してるのである。

いま，角度の単位をラジアンにとろう。すると，半径 R の円の弧の長さ ℓは，その弧が円の中心に張る角度 θ を用いて $\ell = R\theta$ と表せる [†]。よって単位円 ($R = 1$) の場合は，$\ell = \theta$ となる。つまり単位円の場合，円の弧の長さと，その弧が中心に対して張る角度 θ は，等しいのである (図 **3.34**)

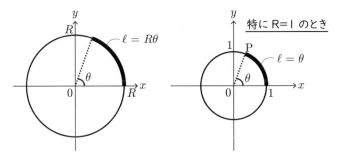

図 **3.34**

[†]　ただしこの等式が成り立つのは，ラジアン表示を用いた場合だけであることに注意。

ここで，単位円の上にある点 P の X 座標を考える。すると

$$X = \cos\theta \quad かつ \quad \theta = \arccos X \tag{3.39}$$

であり，後者の θ は円弧の長さ ℓ と等しいので

$$\ell = \arccos X \tag{3.40}$$

となる。同様に，点 P の Y 座標を考えると

$$\ell = \arcsin Y \tag{3.41}$$

がいえる。

以上の説明から，逆三角関数 arccos, arcsin は，ともに単位円の弧の長さと単位円上の点の座標とを結び付ける関数であることがわかる。

逆三角関数は，

単位円の弧の長さ ℓ（つまり角度 θ）を表している。

3.13　逆三角関数の定義域と値域

逆三角関数を用いる場合は，その定義域 (x のとりえる範囲) と値域 (y のとりえる範囲) を以下のように限定することが多い (図 **3.35**，図 **3.36**，図 **3.37**)。

$$y = \arcsin x \ \left(-1 \leqq x \leqq 1, \quad -\frac{\pi}{2} \leqq y \leqq \frac{\pi}{2}\right) \tag{3.42}$$

$$y = \arccos x \ \left(-1 \leqq x \leqq 1, \quad 0 \leqq y \leqq \pi\right) \tag{3.43}$$

$$y = \arctan x \ \left(-\infty \leqq x \leqq \infty, \quad -\frac{\pi}{2} < y < \frac{\pi}{2}\right) \tag{3.44}$$

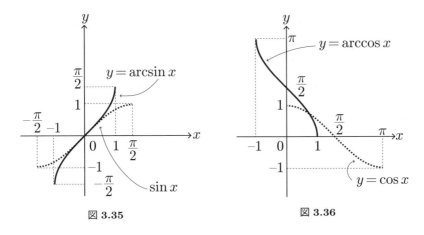

図 3.35

図 3.36

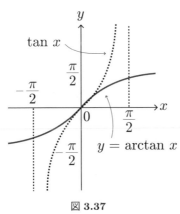

図 3.37

逆三角関数の値域を上述のように限定する理由は，関数の一価性を守るためである。例えば，$y = \arcsin x$ において，y のとりえる値を限定しない場合と，限定した場合を比べてみよう (図 **3.38**)。前者の場合は，式 (3.45) のように，一つの x の値に対して，それに対応する y の値が無数に存在してしまう。

$$x = \frac{1}{2} \ \rightarrow \ y = \frac{\pi}{6} \pm 2m\pi, \ \frac{5}{6}\pi \pm 2n\pi \ (m \text{ と } n \text{ は任意の整数}) \quad (3.45)$$

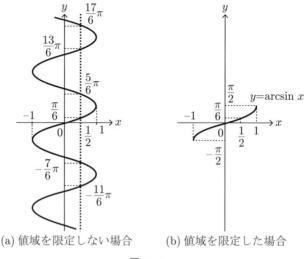

(a) 値域を限定しない場合   (b) 値域を限定した場合

図 **3.38**

これでは，逆関数が存在するための条件である関数の一価性が崩れてしまう
(例 2.2 の脚注を参照)。そこで，一つの x の値に対しては，ただ一つの y の値
が対応するよう，y の値のとりえる範囲を図 3.38(b) のように限定するのであ
る。このようにすれば，関数 $f(x) = \sin x$ に対する逆関数 $f^{-1}(x) = \arcsin x$
を定義できる。

　具体的には，図 3.38(b) のようにして，$y = \arcsin x$ の値域 (つまり y の動
ける範囲) を $-\pi/2$ から $+\pi/2$ までに限定すると約束しよう。すると

$$x = \frac{1}{2} \quad \rightarrow \quad y = \frac{\pi}{6}$$

となり，$y = \arcsin x$ の一価性が守られるのである。

$$\text{y=arcsin x の値域は } -\frac{\pi}{2} \leqq y \leqq \frac{\pi}{2} \text{ に限る!}$$

　上述とまったく同じ理由から，$\arctan x$ の値域に対しても，つぎのような
制限を設けよう。すなわち，$y = \arctan x$ の値域も，$-\pi/2$ から $+\pi/2$ まで

に限定するのである (図 **3.39**)。すると, 例えば

$$x = 1 \quad \rightarrow \quad y = \frac{\pi}{4}$$

となり, $y = \arctan x$ の一価性が守られる。

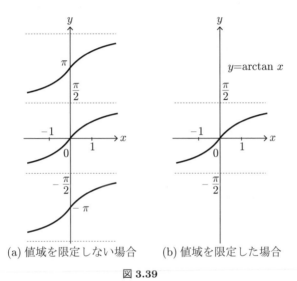

(a) 値域を限定しない場合 　(b) 値域を限定した場合

図 **3.39**

y=arctan x の値域も $-\dfrac{\pi}{2} < y < \dfrac{\pi}{2}$ に限る!

　三つのうちで最後に残った逆三角関数 $\arccos x$ だけは, 少しだけ事情が異なる。値域をある一定の幅に限定すること自体は変わらないのだが, その一定幅の位置が, $\arcsin x$ や $\arctan x$ とは異なるのである。

　その理由を知るには, 図 **3.40**(a) の曲線を見ればよい。この曲線の一部を切り出して, x と y を 1 対 1 の関係にするには, 図 3.40(b) のような一部分を切り出す必要がある。これはすなわち, 値域 (つまり y の動ける範囲) を, 0 から π までに限定していることに等しい。

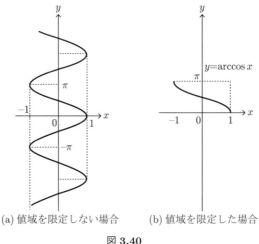

(a) 値域を限定しない場合   (b) 値域を限定した場合

図 3.40

y=arccos x の値域は 0 ≦ y ≦ π とする!
（注意！ arcsin と arctan とは少し違う！）

逆三角関数は，文字どおり三角関数の「逆関数」である。したがって，両者の 1 対 1 関係が成り立つように，逆三角関数の値域を制限する必要がどうしても生じるのだ。

3.14   増加関数の速さ比べ

本章の最後に，関数どうしの大小関係について，重要な点を述べる[†]。正の実数 x に対して，つぎの関数 $y = f(x)$ はいずれも単調に増加する（図 **3.41**）。

$$y = \log x, \quad y = x^a \ (\text{ただし } a > 0), \quad y = e^x \tag{3.46}$$

[†] ここで増加関数とは，$x_1 \leqq x_2$ に対して $f(x_1) \leqq f(x_2)$ となるもの，つまり変数 x の値を増やすと $f(x)$ の値も増える関数のことを指す。

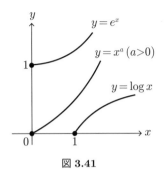

図 **3.41**

ただし，その増加するスピードは同じではない。x の増加に伴って，それぞれの関数がどんなスピードで大きくなるか，その度合いを記号の大きさで表現すると，$x \gg 1$ においては

$$\log x \quad \ll \quad x^a \quad \ll \quad e^x$$

という大小関係になる。x を増やせば増やすほど，指数関数 e^x は，べき乗関数 x^a に比べて，圧倒的に大きくなるのである†。

どんな x° よりも，eˣ のほうが強い！

ところで，もし x のとりえる値を自然数 n に限定するならば，さらなる強者が存在する。それは $n!$ である。

---

† 例えば $x = 100$ （かつ $a = 2$）のときを考えると

$$\log 100 \cong 4.6, \quad 100^a = 10^4, \quad e^{100} \cong 2.7 \times 10^{43} \tag{3.47}$$

なので，確かに

$$\log 100 \ll 100^a \ll e^{100} \quad \text{つまり} \quad \log x \ll x^a \ll e^x \tag{3.48}$$

という大小関係が成り立っている。ちなみに，もし a の値をもっと大きく（例えば $a = 50$）とすると，式 (3.48) の不等式の第 2 項と第 3 項の大小関係は逆転する。しかしその場合でも，より大きな x の値（例えば $x = 1\,000$）を考えれば，やはり式 (3.48) の不等式は成り立つ。

$$\log n \quad \ll \quad n^a \quad \ll \quad e^n \quad \ll \quad n!$$

例えば，$n = 100$ のときは

$$100! \cong 9.3 \times 10^{157} \tag{3.49}$$

となり，先ほどの $e^{100}(\cong 2.7 \times 10^{43})$ なんかよりも，比べ物にならないほど大きな値となる。ちなみに (観測可能な) 宇宙 [†1] に存在する原子の数は 10^{80} 程度といわれており [†2]，100! はそれよりもけた違いに大きい。

章 末 問 題

【1】 つぎの関数 $y = f(x)$ の値域を求めよ。さらに，その逆関数を $y = f^{-1}(x)$ という形で表せ。

(1) $y = \dfrac{3}{x} + 2$ （ただし $x > 0$）   (2) $y = \log(x + 1)$

(3) $y = \sqrt{4 - x^2}$ （ただし $0 \leqq x \leqq 2$）   (4) $y = \dfrac{e^x - e^{-x}}{2}[= \sinh x]$

【2】 関数 $f(x) = (ax + b)/(x + 2)$ (ただし $b \neq 2a$) の逆関数 $f^{-1}(x)$ が，もとの関数 $f(x)$ と一致するための条件を求めよ。

【3】 つぎの式を x について解け。

(1) $e^x \log x = 0$ (2) $e^x = e^{-x}$

(3) $\exp(\log x + \log 3) = 1$

---

†1 現在の宇宙の年齢は約 138 億年と推定されている。よって，人類が観測できる宇宙の範囲は，光が 138 億年かかって到達する距離を半径とする球の内部に限られる。この領域を観測可能な宇宙と呼ぶ。

†2 10 の 100 乗 (= 10^{100}) のことを，英語で 1 グーゴル (Googol) と呼ぶ。これは，検索エンジンでおなじみの Google の語源ともいわれている。

【4】　双曲線関数の定義式を用いて，つぎの問いに答えよ。

    (1)　$x = 0$ における $\sinh x, \cosh x, \tanh x$ の値を計算せよ。

    (2)　$x \to \pm\infty$ における $\sinh x, \cosh x, \tanh x$ の極限値を求めよ。

    (3)　$\cosh(-x) = \cosh x$ を示せ。

    (4)　$\sinh(-x) = -\sinh x$ を示せ。

【5】　つぎに示された，双曲線関数の加法定理[†]を証明せよ。

    (1)　$\sinh(x + y) = \sinh x \cosh y + \cosh x \sinh y$

    (2)　$\cosh(x + y) = \cosh x \cosh y + \sinh x \sinh y$

【6】　$x > 0$ に対して常に $\cosh x > \sinh x > \tanh x$ が成り立つことを証明せよ。

※以下，【7】以降では，逆三角関数はすべて主値のみを考えるとする。

【7】　つぎの値を求めよ。

    (1)　$x = \pm 1$ における，$\arcsin x$, $\arccos x$, $\arctan x$ の値

    (2)　$x = 0$ における，$\arcsin x$, $\arccos x$, $\arctan x$ の値

    (3)　$x \to \pm\infty$ における $\arctan x$ の極限値

【8】　つぎの値を求めよ。

    (1)　$\arcsin\left(\dfrac{1}{\sqrt{2}}\right)$　　(2)　$\arccos\left(-\dfrac{\sqrt{3}}{2}\right)$　　(3)　$\arctan\left(\sqrt{3}\right)$

    (4)　$\cos(\arctan 2)$

【9】　$\arctan 10\,000\,000\,000$ の値を概算せよ。

    ※ヒント：$y = \tan x$ や $y = \arctan x$ のグラフを思い出せ。

【10】　すべての実数 x に対して，つぎの等式が成り立つことを示せ。

$$\arcsin x + \arccos x = \frac{\pi}{2}$$

[†]　これらの関係式は，三角関数の加法定理 (下記) によく似ている。ただし符号の違いに注意。

$$\sin(x + y) = \sin x \cos y + \cos x \sin y, \quad \cos(x + y) = \cos x \cos y - \sin x \sin y$$

第4章 関数のグラフ表示

　数式ではわかりにくくても，グラフを描けば一発で解決する，そんな問題は多い。本章では，初歩的な関数のグラフの概形を描くための基本技術を解説する。

4.1 グラフの全体像を把握せよ

　グラフのおおよその形を把握するうえで，大事なポイントはつぎの四つである。

1) 定義域はどこか？
2) x 軸，y 軸との交点 (または接点) はあるか？ (あるならどこか？)
3) 対称性はあるか？ (偶関数か？ 奇関数か？ 周期関数か？)
4) 漸近線はあるか？ (水平か？ 垂直か？ 斜めか？)

以下，順を追って，上記のポイント 1) から 4) までを解説する。

4.2 定義域を調べよ

　与えられた関数 $f(x)$ の定義域とは，変数 x が動ける範囲のことを指す[†]。すべての実数 x が定義域となる場合もあるし，ある限られた x の値だけが定義域の場合もある。

[†] この x の領域でのみ，関数 $f(x)$ を定義できるので，定義域という名で呼ばれる。

例 **4.1**

(1)　$f(x) = x^2$ の定義域は，すべての実数 x である。

(2)　$f(x) = \sqrt{x+1}$ の定義域は，$x \geqq -1$ である。

(3)　$f(x) = \dfrac{1}{1-x^2}$ の定義域は，$x = \pm 1$ を除くすべての実数 x である。

(4)　$f(x) = \sqrt{1-x^2}$ の定義域は，$-1 \leqq x \leqq 1$ である。

ここで挙げた例のうち，(2) と (4) の関数の定義域は，平方根 $\sqrt{}$ の中が非負[†]という条件から導かれる。一方，(3) の関数の定義域は，分母が 0 であってはいけない，という条件で決まる。それぞれの関数のグラフの概形を図 **4.1** に示したので，そちらと対比させながら関数の定義域を確認してほしい。

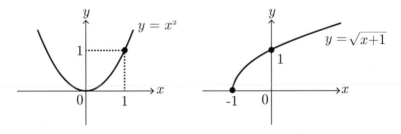

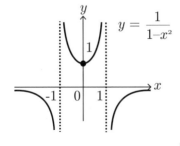
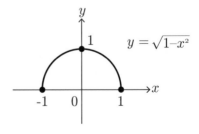

図 **4.1**

---

†　符号が負ではないということ。つまり，0 以上の数だということ。

4.3　軸との交点を探せ

　前節で例示した 4 種類の関数について，それをグラフにした場合の x 軸，y 軸との交点 (または接点) を，例 4.2 で述べる [†]。

例 4.2

(1)　$f(x) = x^2$ は，原点で x 軸に接し，y 軸と交わる。

(2)　$f(x) = \sqrt{x+1}$ は，$x = -1$ で x 軸と交わり，$y = 1$ で y 軸と交わる。

(3)　$f(x) = \dfrac{1}{1-x^2}$ は，x 軸と交点をもたない。y 軸とは $y = 1$ で交わる。

(4)　$f(x) = \sqrt{1-x^2}$ は，$x = \pm 1$ の 2 点で x 軸と交わり，$y = 1$ の 1 点で y 軸と交わる。

　一般に，$y = f(x)$ のグラフと x 軸との交点 (または接点) の位置は，方程式 $f(x) = 0$ を解くことで求まる。もしこの方程式を解くのが難しいときは，$f(a)$ と $f(b)$ の積が負となる $x = a$ と $x = b(> a)$ の値を見つけることを考えよう。もしそうした $x = a$ と $x = b$ を見つけることができれば，グラフ $y = f(x)$ と x 軸との交点は，$a < x < b$ の領域内のどこかに必ず存在する (図 4.2)。

　一方，$y = f(x)$ のグラフと y 軸との交点 (または接点) の位置は，関数 $f(x)$ に $x = 0$ を代入して得られる値 $y = f(0)$ に等しい。こちらの値は，簡単に求まることが多い。

[†]　ある曲線と x 軸 (または y 軸) との交点を，その曲線の x 切片 (または y 切片) という。ただし軸と曲線とが交わらず，単に接するだけの場合は，その接点を切片とは呼ばない。

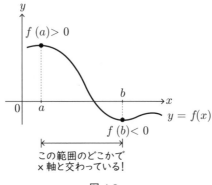

この範囲のどこかで
x 軸と交わっている!

図 4.2

4.4　対称性はあるか

対称性を有する関数には，おもにつぎの 3 種類がある。

1)　偶関数: $f(-x) = f(x)$ が成り立つ。

2)　奇関数: $f(-x) = -f(x)$ が成り立つ。

3)　周期関数: ある定数 λ に対して，$f(x + \lambda) = f(x)$ が成り立つ。

要するに，グラフを y 軸のまわりでグルッと反転させたとき，もしグラフの形が変わらなければ，それは偶関数のグラフである。そうではなくて，もしグラフの形が上下逆様になったら，それは奇関数のグラフである。そのどちらでもない場合は，偶関数でも奇関数でもない (じつはこのケースが圧倒的に多い)[†]。

[†]　ちなみに，どんな関数 $f(x)$ でも，偶関数と奇関数の和の形に分解することができる。実際

$$f(x) = \frac{f(x) + f(-x)}{2} + \frac{f(x) - f(-x)}{2} \tag{4.1}$$

と変形してみよう。すると右辺の第一項は，x を $-x$ に置き換えても不変なので，偶関数である。一方，第二項は，x を $-x$ に置き換えると項全体の符号が変わるので，奇関数である。つまり式 (4.1) は，確かに $f(x) = $ [偶関数] $+$ [奇関数] の形になっている。

また，グラフを水平方向にずらしたとき，ずらす前と後で形がぴったり一致することがあれば，それは周期関数のグラフである。例えば $y = \sin x$ のグラフは，グラフ全体を左右どちらかに 2π だけ水平に移動しても，グラフの形はまったく変わらない。このとき，この関数は周期 2π の周期関数だという。

例 4.3

(1) $f(x) = x^2, 1/(1-x^2), \sqrt{1-x^2}, \cos x$ は，すべて偶関数である。

(2) $f(x) = x + x^3, 1/x, \sin x, \tan x$ は，すべて奇関数である。

(3) $f(x) = \sin 2x$ は，周期 $\lambda = \pi$ の周期関数である（図 **4.3**）。

(4) $f(x) = x - [x]$ は，周期 1 の周期関数である（図 **4.4**）。ここで記号 $[x]$ は，x を超えない最大の整数を意味する記号であり，ガウス記号と呼ばれる。

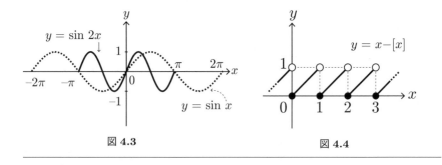

図 **4.3**   図 **4.4**

4.5   漸近線はあるか

漸近線とは，原点から遠ざかるにつれて，グラフ曲線との距離が 0 に近づく直線のことである。限りなく近づきはするが，けっして交わらないし，接することもない。そういう切ないラブロマンスみたいな直線である。

漸近線には，つぎの 3 種類がある。

〔1〕　**水平な漸近線**　　与えられた関数 $f(x)$ の値が，ある定数 c に近づくとき [†1]，つまり

$$\lim_{x \to +\infty} f(x) = c \text{ または } \lim_{x \to -\infty} f(x) = c \tag{4.2}$$

が成り立つとき，直線 $y = c$ を曲線 $y = f(x)$ の水平な漸近線という。**図 4.5** にその例を二つ示す。漸近線に対して，その上から徐々に接近する場合 (図 4.5 左) と，下から接近する場合 (図 4.5 右) がある。

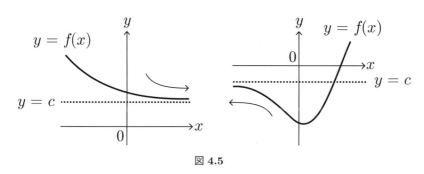

図 4.5

〔2〕　**垂直な漸近線**　　漸近線は水平 (横向き) とは限らず，垂直 (縦向き) な場合もある。ある定数 a に対して $f(x)$ が

$$\left.\begin{array}{ll} \lim_{x \to a+0} f(x) = +\infty, & \lim_{x \to a-0} f(x) = +\infty \\ \lim_{x \to a+0} f(x) = -\infty, & \lim_{x \to a-0} f(x) = -\infty \end{array}\right\} \tag{4.3}$$

のいずれかを満たすとき [†2]，直線 $x = a$ を曲線 $y = f(x)$ の垂直な漸近線という。

　図 **4.6** と図 **4.7** に，式 (4.3) で示した四つのケースに該当する例を示す。いずれの場合も，グラフは縦線にどんどん近づくが，けっして最後まで交わ

[†1]　定数 c の値は，正でも負でもよい (0 でもよい)。要するに，原点から十分離れた場所で，曲線が直線にどんどん近づく (=漸近する) なら，それを漸近線と呼ぶのである。

[†2]　ここで記号 $x \to a+0$ および $x \to a-0$ は，x が「a よりも大きい (小さい) 側から」a に近づく，という意味を表す。

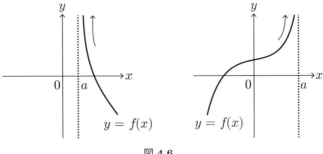

図 4.6

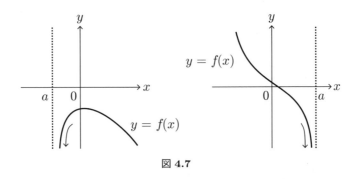

図 4.7

ることがない (接することもない)。また，グラフが右から徐々に漸近線へ近づく場合と，左から接近する場合がある。

〔3〕 **傾いた漸近線**   水平でも垂直でもなく，ある角度で傾いた漸近線というのも存在する。例えば原点を中心とした双曲線 $x^2 - y^2 = 1$ は，傾いた漸近線をもつグラフの代表例といえる[†]。

より一般的には，つぎのとおりである。もし $x \to +\infty$ または $x \to -\infty$ の極限で，直線 $y = mx + n$ と曲線 $y = f(x)$ との距離が限りなく縮まるならば，この直線を傾いた漸近線という。そのような漸近線をもつグラフの例を，図 **4.8** に示す。

[†] 双曲線 $(x^2/a^2) - (y^2/b^2) = 1$ の漸近線は，原点を通る 2 本の直線 $y = \pm(b/a)x$ である。

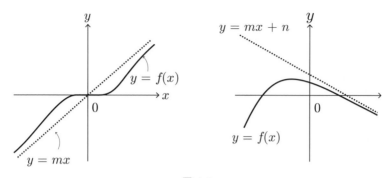

図 **4.8**

4.6　グラフの描き方: 実践編

　与えられた関数 $y = f(x)$ のグラフが未知だとしても，4.1 節に述べた特徴を掴むことで，グラフのおおよその形を見積もることができる。

例 4.4　関数 $y = x^2 + (1/x)$ のグラフの概形を描け。

【解説】　以下，定義域・交点・対称性・漸近線の順に，このグラフを描くための手がかりを探していこう。

i) まず，この関数の定義域は，$x = 0$ を除くすべての実数である。$x = 0$ が除外される理由は，与式の右辺にある $1/x$ の分母が 0 になることはありえないためである。

　　ついでに，このグラフが通る点として，すぐに見つかるものを見つけておこう。例えば $x = 1$ を与式に代入すると，$y = 2$ が得られる。$x = -1$ を代入すると，$y = 0$ が得られる。よってこのグラフは，二つの点 $(1, 2)$ と $(-1, 0)$ を通ることがわかった (図 **4.9**(a))。

ii) つぎに，軸との交点を考える。先ほど述べたとおり，$x = 0$ に対応する点が存在しない (もとから定義されていない) ので，明らかに y 軸 (つま

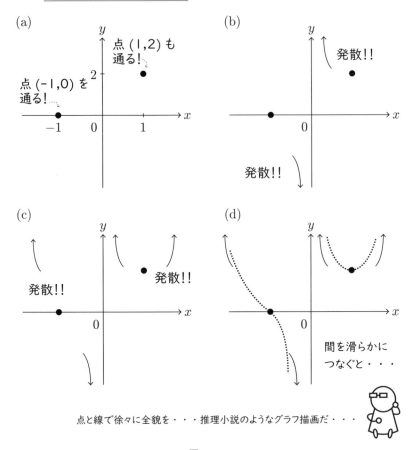

図 **4.9**

り直線 $x = 0$) との交点は存在しない。一方，x 軸 (つまり直線 $y = 0$) との交点はi) ですでに，点 $(-1, 0)$ だとわかっている。

iii) 対称性について考えると，この関数のグラフは偶関数でも奇関数でもない。それを知るには

$$f(x) = x^2 + \frac{1}{x} \tag{4.4}$$

に含まれる変数 x の符号を反転させて

$$f(-x) = (-x)^2 + \frac{1}{-x} = x^2 - \frac{1}{x} \tag{4.5}$$

とすればよい。得られた $f(-x)$ は，$f(x)$ と $-f(-x)$ のどちらとも等しくないので，$f(x)$ は偶関数でも奇関数でもない。さらに，$f(x)$ が周期関数でないのも明らかである。

iv) つづいて，漸近線の有無を考える。与式の y は $x = 0$ で発散することから，直線 $x = 0$ はグラフの垂直な漸近線となる (図 4.9(b))。さらにこのとき，$x = 0$ に対して右側から近づくか，左側から近づくかで，y の発散する向きが逆転する。すなわち，与式の右辺に対して $x \to 0$ と $x \to -0$ の極限をとると，それぞれ

$$\lim_{x \to +0} y = +\infty, \quad \lim_{x \to -0} y = -\infty \tag{4.6}$$

となる。このことに注意すると，垂直な漸近線 $x = 0$ の左右で，グラフの発散の向きが変わることがわかる。

v) 最後に，$x \to \pm\infty$ の極限で y がどのように振る舞うかを考えよう。このときは，与式の右辺にある x^2 が正の方向に発散する。すなわち

$$\lim_{x \to \pm\infty} y = +\infty \tag{4.7}$$

となる (図 4.9(c))。

以上，i) から v) までの情報を使えば，$y = x^2 + (1/x)$ が表すグラフ曲線のおおよその形を，**図 4.10** のとおりに得ることができる[†]。

[†] ただしこの描き方では，グラフ上の各点における詳細な振る舞い (接線の傾きの正確な値など) を知ることはできない。そうした局所的な性質を知りたい場合にこそ，関数の増減表をつくる意義がでてくるのだ。

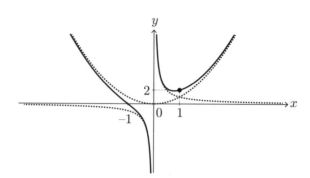

図 4.10 実線は $y = x^2 + (1/x)$ のグラフ曲線。
点線は $y = x^2$ と $y = 1/x$ のグラフ

◀

　ちなみにこのグラフを描く別の方法としては，まず二つのグラフ $y = x^2$ と $y = 1/x$ を別々に描き (図 4.10 の点線部)，つづいてそれらの縦座標の和を考える，というやり方もある。図 4.10 に示した点線どうしの縦軸の和を考えることで，実線の縦軸の値を図から求める，という方法である。

　例 4.5　$f(x) = x^3/(x^2 + 1)$ のグラフを描け。

【解説】　　まず，この関数 $f(x)$ の定義域は，実数全体である。ついでに $x = -1, 0, 1$ をそれぞれ代入すると

$$f(-1) = -\frac{1}{2}, \quad f(0) = 0, \quad f(1) = \frac{1}{2} \tag{4.8}$$

を得る。よってこのグラフは，三つの点 $(-1, -1/2)$, $(0, 0)$, $(1, 1/2)$ を通ることがわかった。

　つぎに軸との交点を調べる。方程式 $f(x) = 0$ を解くと，解 $x = 0$ を得る。また，$f(x)$ に $x = 0$ を代入すると $f(0) = 0$ を得る。よってこのグラフと軸との交点は，原点のみである。

　つづいて，$f(-x) = -f(x)$ が成り立つことから，$f(x)$ は奇関数である。また，周期関数ではない。

　漸近線についてはどうか。右辺の分母の $x^2 + 1$ は，x がどんな値をとっても 0 にならない。したがって垂直な漸近線はない。また，$x \to \pm\infty$ のとき $f(x) \to \pm\infty$(複号同順) なので，水平な漸近線もない。しかしながら，与式を

$$f(x) = x - \frac{x}{x^2 + 1} \tag{4.9}$$

と変形すると，右辺の第 2 項は $x \to \pm\infty$ のとき，0 に近づく。よって直線 $y = x$ が，曲線 $y = f(x)$ の「傾いた漸近線」であるとわかる。

　これらの手がかりを用いると，曲線 $y = f(x)$ のグラフは，おおよそ図 **4.11** のように描ける。

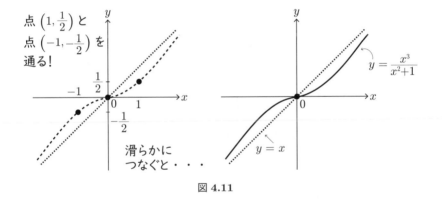

図 **4.11**

◀

　例 **4.6**　$f(x) = 1/\sin x$ のグラフを描け。

【解説】　定義域は，$x = n\pi$ (n は整数) を除く実数全体である。$x = n\pi$ が除外される理由は，分母 $\sin x$ が 0 となってしまうためである。

　軸との交点を考える。方程式 $f(x) = 0$ の解は存在しないので，x 軸との交点はない。また，$x = 0$ は定義域に含まれない (与式の分母が 0 になってしまう) ので，y 軸との交点もない。

対称性はどうか。この関数 $f(x)$ の分母にある $\sin x$ は，奇関数かつ周期関数であり

$$f(-x) = -f(x) \quad \text{かつ} \quad f(x + 2\pi) = f(x) \tag{4.10}$$

を満たす。したがって，この関数 $f(x)$ そのものも，奇関数かつ周期 2π の周期関数である。

漸近線はどうか。分母 $\sin x$ が 0 となる $x = n\pi(n$ は整数$)$ が，垂直な漸近線となる。さらに

$$\lim_{x \to n\pi+0} \frac{1}{\sin x} = +\infty, \quad \lim_{x \to n\pi-0} \frac{1}{\sin x} = -\infty \tag{4.11}$$

であることから，漸近線の左右における発散の向きがわかる。一方，$x \to \pm\infty$ で，$1/\sin x$ は一定値に近づかないので，水平な漸近線はない。

これらの手がかりに加えて，与えられた関数のグラフ $y = 1/\sin x$ は，つぎに示した二つの点を通ることがすぐにわかるだろう。

$$(x, y) = \left(\frac{\pi}{2}, 1\right), \ \left(-\frac{\pi}{2}, -1\right)$$

以上をまとめると，グラフは図 **4.12** のようになる。

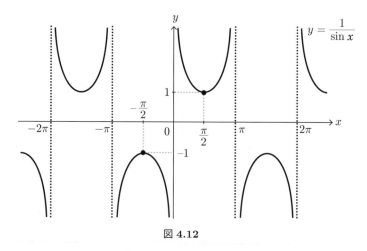

図 **4.12**

4.7 グラフの平行移動

ある関数 $y = f(x)$ のグラフを，x 軸と平行に移動させるには，式をどのように変形したらよいだろうか？

例えば，関数 $y = f(x)$ のグラフを上下方向 (y 軸と平行) に $c(>0)$ だけ動かすには，y の値に c または $-c$ を加えればよい。

$y = f(x) + c \cdots$ 上向きに c だけ移動 （ただし $c > 0$）

$y = f(x) - c \cdots$ 下向きに c だけ移動 （ただし $c > 0$）

この場合，移動の向き (上または下) と，c の前に付く符号 (+ または $-$) がうまく一致しているのでわかりやすい。

一方，左右方向 (x 軸と平行) へグラフを移動させるときには，符号に注意が必要である。

$y = f(x - c) \cdots$ 右向きに c だけ移動 （ただし $c > 0$）

$y = f(x + c) \cdots$ 左向きに c だけ移動 （ただし $c > 0$）

例えば $y = f(x)$ のグラフを右向きに $c(>0)$ だけ平行移動させる場合，「右向き」は x 軸の正の向きなので，ついつい x に c を加えて $y = f(x + c)$ と書いてしまいがちである。しかしこれは間違いで，正しくは $y = f(x - c)$ である。紛らわしいと感じた読者は，ごく簡単なグラフを平行移動して考えればよい[†]。

以上で述べた，グラフの平行移動と式変形との関係を，図 **4.13** にまとめる。

[†] 例えば，原点を通る放物線 $y = x^2$ を，右向きに 3 だけ平行移動することを考えよう。すると，この放物線の頂点は，$x = 0$ から $x = 3$ へ移動する。つまり，移動したあとの放物線は，$x = 3$ で x 軸と接するであろう。したがって，移動したあとの式に $x = 3$ を代入すると，必ず $y = 0$ になるはずである。以上の考察から，移動したあとの放物線は $y = (x - 3)^2$ という式で書けることがわかる。この結果は，確かに本文で述べたことと一致している。

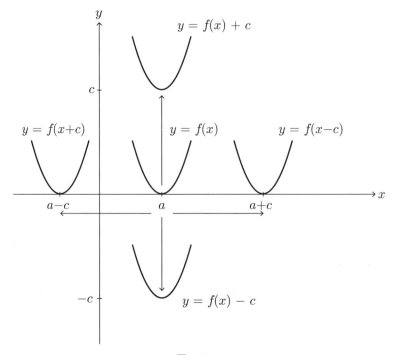

図 **4.13**

図 4.13 が示すように，グラフを右向き（x 軸と平行でプラスの向き）に移動させるときには，関数 $y = f(x)$ の変数 x を $x - c$ に置き換えればよい。このとき，$c(> 0)$ の前に付く符号がマイナスであることに注意する必要がある。

　なぜグラフをプラス方向に動かすのに，式変形ではマイナスとなるのか？その理由を知るために，例 4.7 を考えよう。

例 4.7　$y = (x - 1)^2$ のグラフを移動して $y = (x - 4)^2$ のグラフと一致させるためには，どのように式を変形させればよいか。

【解説】　$y = (x - 1)^2$ のグラフは，下に凸の放物線であり，$x = 1$ で極小点をもつ。同じく $y = (x - 4)^2$ も下に凸の放物線で，$x = 4$ で極小点をもつ。よって前者のグラフを移動させて後者のグラフと一致させるには，前者を右向き (x 軸と平行でプラスの向き) に 3 だけ平行移動させればよい。

　さらに，数式のうえでも両者を一致させるためには，前者の式

$$y = (x - 1)^2 \tag{4.12}$$

に含まれる x を，$x - 3$ に置き換えればよい。すると

$$y = [(x - 3) - 1]^2 = (x - 4)^2 \tag{4.13}$$

となり，確かに後者の式と一致する。　　　　　　　　　　　　　◀

　この例 4.7 から推測されるとおり，一般に関数 $y = f(x)$ の変数 x を $x - c$ (ただし，$c > 0$) に置き換えると，そのグラフは右向き (x 軸と平行でプラスの向き) に c だけ移動する[†]。

グラフを右に c だけズラすには，x を x-c に変えればよい。

　まったく同じ理屈で，関数 $y = f(x)$ の変数 x を $x + c$ (ただし，$c > 0$) に置き換えると，そのグラフは左向き (x 軸と平行でマイナスの向き) に c だけ移動する。

4.8　グラフの拡大と縮小

　前節では，グラフの平行移動を考えた。本節では，グラフ全体のスケールを変換する (拡大または縮小する) 方法を考えよう。

[†]　わかりやすい例は，円 $x^2 + y^2 = r^2$ の平行移動であろう。この円の中心を点 $(a, 0)$ へ移動するには，この式の x を $x - a$ に置き換えて $(x - a)^2 + y^2 = r^2$ とすればよい。もし a が正ならば，この式変形によって，円全体は右に a だけ移動する。

関数 $y = f(x)$ のグラフを上下方向 (y 方向) に拡大・縮小させるには，右辺に定数をかければよい。

$$y = A \cdot f(x) \cdots \text{上下方向に沿って } A \text{ 倍に拡大 (ただし } A > 1\text{)}$$

$$y = \frac{f(x)}{A} \cdots \text{上下方向に沿って } \frac{1}{A} \text{ だけ縮小 (ただし } A > 1\text{)}$$

このときは，定数の大小関係 ($A > 1/A$) と，グラフの拡大・縮小がうまく対応しているので，わかりやすい。

一方，左右方向 (x 方向) に拡大・縮小させる際には，やはり注意が必要である。いま，$A > 1$ とすれば

$$y = f(Ax) \cdots \text{左右方向に沿って } \frac{1}{A} \text{ だけ縮小}$$

$$y = f\left(\frac{x}{A}\right) \cdots \text{左右方向に沿って } A \text{ 倍だけ拡大}$$

つまり，x に A をかけると，グラフは左右方向に $1/A$ だけ縮むのである。この理由も，例 4.8 からわかる。

コーヒーブレイク

与えられた関数 $f(x)$ のグラフを描くとき，なにがなんでも $f(x)$ を微分して増減表をつくろうとする人を，たまに見かける。しかしそれは，ずいぶん損なやり方なのだ。なぜなら，微分という計算操作が有効なのは，ある限られた領域における関数の振る舞い (増減や凹凸) を知りたいとき，だからである。そのように限られた情報だけからは，グラフの全体像をつかむことが難しい。そこでまずは，グラフ全体のおおよその形を把握して，その後で (必要があれば) 特定の領域を細やかに調べるという順序を踏むべきなのだ。

例 4.8　$y = \cos x$ のグラフを拡大または縮小して $y = \cos(5x)$ のグラフと一致させるためには，式をどのように変形すればよいか。

【解説】　図 4.14 からわかるとおり，$y = \cos x$ のグラフは，$x = \pi/2$ で x 軸

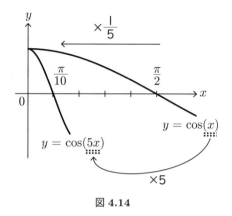

図 4.14

と交わる。一方，$y = \cos(5x)$ のグラフは，$x = \pi/10$ で x 軸と交わる。よって前者のグラフを左右方向に縮小して後者と一致させるためには

$$y = \cos x \tag{4.14}$$

の変数 x を $5x$ に置き換えて

$$y = \cos(5x) \tag{4.15}$$

とすればよい。なぜなら，このように式変形をすれば，x 切片の値 (つまり y が 0 となる x の値) が $x = \pi/10$ になるからである。そしてこのとき，原点から x 切片までの距離は，$1/5$ に縮小されている。すなわちこの式変形によって，グラフ全体が左右方向に $1/5$ だけ縮小されたことがわかる。　　◀

　最後に，一つのグラフに対して，平行移動と拡大・縮小の両方を行った場合を考えよう。

例 4.9　$y = \sqrt{3x - x^2}$ のグラフ (**図 4.15**(a)) を [†]，右方向に平行移動したのち，上下方向に拡大して，図 4.15(b) のグラフを得たとする。このとき，後者のグラフはどのような式で表されるか。

[†]　じつはこの式は，円の式 $(x - 3/2)^2 + y^2 = 9/4$ (ただし $y \geqq 0$) と同じである。

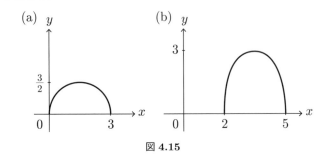

図 4.15

【解説】　図からわかるとおり，図 4.15(a) の曲線を右方向に 2 だけ移動したのち，上下方向に 2 倍だけ拡大すると，図 4.15(b) の曲線を得る。この二つの変換に対応する式変形は，つぎのようにして導ける。

まず，右方向へ 2 だけ移動させるには，もとの式の x を $x-2$ と置き換えればよい。これによって，関数形は

$$y = \sqrt{3x - x^2} \ \to \ y = \sqrt{3(x-2) - (x-2)^2} \tag{4.16}$$

と変化する。さらに，上下方向へ 2 倍だけ拡大することによって

$$y = \sqrt{3(x-2) - (x-2)^2} \ \to \ y = 2\sqrt{3(x-2) - (x-2)^2} \tag{4.17}$$

となる。得られた式を整理すると，図 4.15(b) の曲線を表す関数は

$$y = 2\sqrt{-10 + 7x - x^2} \ = \ 2\sqrt{-(x-2)(x-5)} \tag{4.18}$$

となる。　　　　　　　　　　　　　　　　　　　　　　　　◀

4.9　極座標のグラフ

平面上の曲線を数式で表すとき，x-y 座標の代わりに極座標を用いたほうが便利な場合がある。

極座標とは，平面上のある一点 O(極または原点) と，極からのびた半直線 (極軸) の二つを基準として，平面上の各点 P に二つの数字の組 (r, θ) を当てはめたものである。ここで r は，点 P の動径座標と呼ばれ，点 P から点 O までの距離を表す (図 **4.16**)。動径座標 r の値は，その定義から，必ず 0 以上である。いっぽう，θ は点 P の角座標と呼ばれ，極軸から線分 OP までの角度を表す。角座標 θ の符号は，通常左回り (反時計回り) を正の向きにとる。また，角座標 θ の値を数字で表現するときには，弧度法 (単位は 1 ラジアン) を用いることがほとんどである[†]。

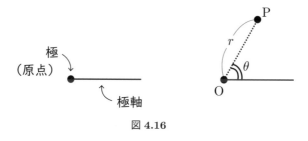

図 **4.16**

例 4.10 図 **4.17** の点 P の極座標は $(2, \pi/6)$, 点 Q の極座標は $\left(\sqrt{2}, -\pi/4\right)$ である。

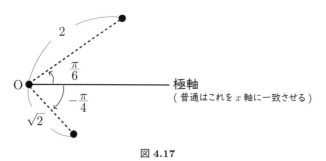

図 **4.17**

[†] 度数法 (単位は 1°) が用いられない理由は，三角関数の導関数を導く際に用いられる非常に重要な関係式 $\lim_{\theta \to 0}(\sin\theta)/\theta = 1$ が，弧度法を用いるという仮定のもとで導かれるからである。詳しくは 6.3 節および付録 A.3 を参照せよ。

ある点の直交座標 (x,y) がわかっているならば，その点の極座標 (r,θ) は式 (4.19) で求まる。

$$r = \sqrt{x^2 + y^2}, \quad \theta = \arctan\left(\frac{y}{x}\right) \tag{4.19}$$

逆に (r,θ) から (x,y) を求めるには

$$x = r\cos\theta, \quad y = r\sin\theta \tag{4.20}$$

とすればよい (図 **4.18**)。式 (4.19) と式 (4.20) を用いると，与えられた関数 $y = f(x)$ を

$$r = g(\theta) \quad \text{または} \quad \theta = h(r) \tag{4.21}$$

という形に変換することができる。式 (4.21) のように，r と θ の関係を表す式のことを，極方程式という。

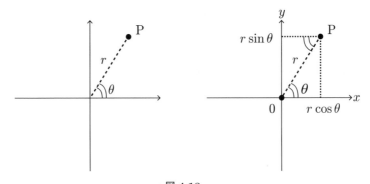

図 **4.18**

例 4.11　関数 $y = \sqrt{4 - x^2}$ を極方程式の形で表せ。

【解説】　式 (4.20) を用いて与式を r と θ の式に書き直すと

$$r \sin\theta = \sqrt{4 - r^2 \cos^2\theta} \tag{4.22}$$

両辺を二乗して，恒等式 $\sin^2\theta + \cos^2\theta = 1$ を用いると

$$r^2 = 4$$

この両辺の平方根をとると，形式的には二つの解 $r = 2, -2$ を得る。しかし極座標の定義から，r は常に 0 以上でなければならない。よって $r = 2$ だけが解として許される。

つぎに θ のとりえる値を考えよう。そのために式 (4.22) の右辺に注目すると，右辺の値は常に 0 以上である [†1]。したがって，左辺の $\sin\theta$ も 0 以上の値しかとらない。これはすなわち，θ の値が $0 \leqq \theta \leqq \pi$ となる範囲に限られることを意味する (図 **4.19**)。

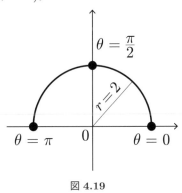

図 **4.19**

以上より，与式に対応する極方程式は

$$r = 2 \qquad (\text{ただし } 0 \leqq \theta \leqq \pi) \tag{4.23}$$

となる [†2]。 ◀

例 4.12 関数 $y = \sqrt{3}x$ を極方程式の形で表せ。

[†1] 平方根 $\sqrt{\bigcirc}$ の値は，($\bigcirc$ がなんであれ) 必ず 0 以上である。

[†2] こうして得られた極方程式 (4.23) を用いると，もとの関数 $y = \sqrt{4 - x^2}$ を用いるよりも，ずっと容易にグラフが描ける。

【解説】　与式の両辺を，それぞれ r と θ の式に書き直すと式 (4.24) となる。

$$r \sin\theta = \sqrt{3} r \cos\theta \tag{4.24}$$

以下，場合分けで考える。まず $r \neq 0$ の場合は，式 (4.24) の両辺を r で割ることができて

$$\tan\theta = \sqrt{3} \tag{4.25}$$

となる。つぎに $r = 0$ の場合を考える。このときは式 (4.24) が $0 = 0$ という恒等式になるので，θ がどんな値をとっても，式 (4.24) は成り立つ。

以上より，求める極方程式は

$$\begin{cases} \tan\theta = \sqrt{3} \quad (\text{ただし } r \neq 0) \\ \text{または} \\ r = 0 \end{cases} \tag{4.26}$$

である。

ただし場合分けして書いた式 (4.26) は，じつは単なる原点を通る傾き $\sqrt{3}$ の直線 (原点を含む) と等価である (図 **4.20**)。よって求める極方程式は，簡単に $\tan\theta = \sqrt{3}$ と書ける。

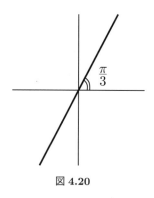

図 **4.20**

◀

例 4.13 極方程式 $r = \sin\theta$ は，x-y 平面において，点 $(x, y) = (0, 1/2)$ を中心とする半径 $1/2$ の円を意味する。

式 $r = \sin\theta$ がなぜ円を表すのか，その理由は，与えられた式を x と y の式に書き換えるとわかる。

まず，与式の両辺に r をかけると

$$r^2 = r\sin\theta \tag{4.27}$$

式 (4.27) の左辺は，x と y を用いて $x^2 + y^2$ と書き直せる。また右辺は y に等しい。したがって

$$x^2 + y^2 = y \tag{4.28}$$

この式を変形すると

$$x^2 + \left(y - \frac{1}{2}\right)^2 = \frac{1}{4} \tag{4.29}$$

となり，まさに中心が $(0, 1/2)$，半径が $1/2$ の円となる (**図 4.21**)。

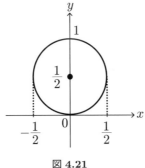

図 4.21

　極方程式の形で表現される閉曲線のグラフは，例 4.13 で述べた単純な円のほかにも，いろいろある。それらの一部を，図 **4.22**～図 **4.27** に示す†。それぞれの図の真下には，グラフに対応する極方程式 (半径 r と角度 θ の関係) を示してある。そこに書かれた式の θ に，なにか具体的な値 ($\theta = 0$ や $\theta = \pi/4$ など) を代入したとき，r がどんな値になるかを考えてみよう。すると，それぞれの極方程式が，確かに図に示したような曲線を描くことを，おおまかに確認できるはずである。

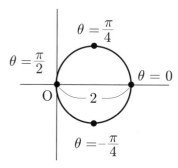

図 **4.22**　$r = 2\cos\theta\ (-\pi/2 \leqq \theta \leqq \pi/2)$

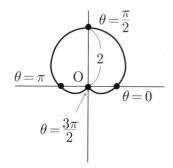

図 **4.23**　$r = 1 + \sin\theta$

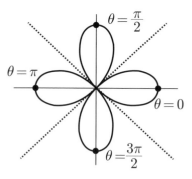

図 **4.24**　$r = |\cos 2\theta|$

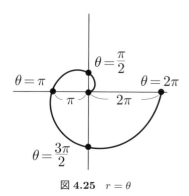

図 **4.25**　$r = \theta$

---

†　図 4.25 で示した曲線は，アルキメデスの渦巻線 (アルキメデスのらせん) と呼ばれ，θ の増加とともに無限に成長していく。

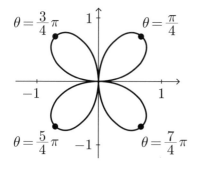

図 **4.26** $r = |\sin 2\theta|$

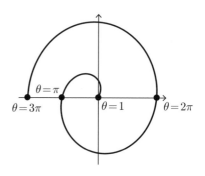

図 **4.27** $r = \log \theta$

章 末 問 題

【1】 つぎの関数を表すグラフの概形を，x-y 平面に描きなさい。

(1)　$y = x^2$　　　(2)　$y = \sqrt{x}$　　　(3)　$y = \sqrt{-x}$　　　(4)　$y = -\sqrt{x}$

(5)　$y = e^x$　　　(6)　$y = e^{-x}$　　　(7)　$y = -e^x$

(8)　$y = \log x$　　　(9)　$y = \log(-x)$　　　(10)　$y = -\log x$

(11)　$y = \sinh x$　　　(12)　$y = \cosh x$　　　(13)　$y = \tanh x$

(14)　$y = \sin x$　　　(15)　$y = \cos x$　　　(16)　$y = \tan x$

(17)　$y = \arcsin x$　　　(18)　$y = \arccos x$　　　(19)　$y = \arctan x$

【2】 つぎの関数 $y = f(x)$ が表すグラフについて，x 軸，y 軸との交点 (または接点) の有無を答えよ。ある場合は，その位置も答えよ。

(1)　$f(x) = x^2$　　　(2)　$f(x) = \sqrt{x+1}$

(3)　$f(x) = \dfrac{1}{1-x^2}$　　　(4)　$f(x) = \sqrt{1-x^2}$

【3】 一般に，偶関数 $G(x)$ と奇関数 $K(x)$ は，つぎの関係式を満たす†。

---

†　ここでは，偶関数の「ぐ (=Gu)」と，奇関数の「き (=Ki)」をとって，それぞれの関数にアルファベットの G と K をあてた。しかしこの記号の使い方は一般的ではないので，ほかの場所で同じような記号の使い方をする場合は，あらかじめ断り書きが必要である。

$$G(-x) = G(x), \quad K(-x) = -K(x)$$

これを踏まえて，つぎのことを証明せよ。

(1) 偶関数どうしの和と積は，常にどちらも偶関数である。

(2) 奇関数どうしの和は，常に奇関数である。

(3) 奇関数どうしの積は，常に偶関数である。

(4) 偶関数と奇関数の積は，常に奇関数である。

【4】 つぎの関数で与えられるグラフ曲線の概形を書きなさい。

(1)　$y = x^2 + \dfrac{1}{x^2}$　　　(2)　$y = x - \dfrac{1}{x}$

(3)　$y = xe^x$　　　(4)　$y = x \log x$

【5】 つぎの関数で与えられるグラフ曲線の概形を書きなさい。

(1)　$y = (x+3)^2$　　　(2)　$y = (x-1)^2$　　　(3)　$y = x^2 - 1$

(4)　$y = \sqrt{x+1}$　　　(5)　$y = \sqrt{x-2}$　　　(6)　$y = \sqrt{x} - 2$

(7)　$y = e^{x+1}$　　　(8)　$y = e^{-x+1}$　　　(9)　$y = e^{-x-1}$

(10)　$y = \log(x+2)$　　　(11)　$y = \log(x-1)$　　　(12)　$y = \log(x) - 1$

(13)　$y = \cos\left(x + \dfrac{\pi}{2}\right)$　　　(14)　$y = \arccos(x) + \dfrac{\pi}{2}$

(15)　$y = \sin(x - \pi)$　　　(16)　$y = \arcsin(x) - \pi$

【6】 つぎの関数で与えられるグラフ曲線の概形を書きなさい。

(1)　$y = e^{2x}$　　　(2)　$y = e^{\frac{x}{2}}$　　　(3)　$y = \log(3x)$

(4)　$y = 3 \log x$　　　(5)　$y = \arcsin(2x)$　　　(6)　$y = \dfrac{1}{2} \arcsin x$

【7】 つぎの極方程式を，x と y の式に書き換えよ。さらに，そのグラフを x-y 平面に描け。

(1)　$r = \cos\theta \ \left(-\dfrac{\pi}{2} \leq \theta \leq \dfrac{\pi}{2}\right)$

(2)　$r = \sqrt{3}\cos\theta + \sin\theta \ \left(0 \leq \theta \leq \dfrac{\pi}{2}\right)$

(3)　$r = \dfrac{1}{\sqrt{1 + \sin^2\theta}} \ (0 \leq \theta \leq 2\pi)$

第5章　関数の微分 簡単編

本章では，簡単な初等関数に対する微分の公式を，もともとの定義式から考え直してみよう。

5.1　微　分　の　定　義

関数 $y = f(x)$ の導関数[†]は，式 (5.1) で定義される。

$$f'(x) = \lim_{h \to 0} \frac{f(x+h) - f(x)}{h} \tag{5.1}$$

式 (5.1) に基づいて，与えられた関数 $f(x)$ に対応する導関数 $f'(x)$ を求めることを，一般に

f(x) を x で微分する。

という。

では実際に，簡単な関数を微分してみよう。

例 5.1　関数 $f(x) = x^2 - 4$ の導関数 $f'(x)$ を，微分の定義式 (5.1) を用いて導出せよ。

[†]　導関数とは，微分法によって $f(x)$ から「導」き出される関数，の略称である。

【解説】 まず，定義式 (5.1) の分子に含まれている $f(x+h)$ の関数形を得るために，与えられた関数

$$f(x) = x^2 - 4 \tag{5.2}$$

の変数 x を，機械的に $x+h$ に置き換えてみる。すると

$$f(x+h) = (x+h)^2 - 4 \tag{5.3}$$

これらを用いると，微分の定義式 (5.1) の右辺をつぎのように変形できる。

$$\lim_{h \to 0} \frac{f(x+h) - f(x)}{h} = \lim_{h \to 0} \frac{\{(x+h)^2 - 4\} - (x^2 - 4)}{h}$$

$$= \lim_{h \to 0} \frac{2hx + h^2}{h} = \lim_{h \to 0} \frac{h(2x+h)}{h} \tag{5.4}$$

式 (5.4) の最右辺に注目すると，分母と分子の両方に h という係数がかかっている。よってこの h を約分して [†1]

$$\lim_{h \to 0} \frac{h(2x+h)}{h} = \lim_{h \to 0} (2x+h) = 2x \tag{5.5}$$

以上より，求める導関数は

$$f'(x) = 2x \tag{5.6}$$

となる [†2]。　◀

[†1] ここで，h を約分できる理由は，$h \neq 0$ だからである点に注意しよう。もし $h = 0$ であれば，0 で割るという操作は数学では許されないので，分母と分子を h で割ること (つまり h を約分すること) はできない。しかし $h \to 0$ はあくまで「h が限りなく 0 に近づく (ただし h には到達できない)」ことを意味する記号である。つまりここでは $h \neq 0$ なので，分母と分子を h で割ってもなんの問題もない。

[†2] もちろん，微分の基礎知識がある人なら，上のような面倒な計算をせずに，公式

$$f(x) = x^n \implies f'(x) = nx^{n-1} \tag{5.7}$$

を用いて

$$f(x) = x^2 - 4 \implies f'(x) = 2x \tag{5.8}$$

と求めるだろう。しかし，なぜ式 (5.7) では，もともと右肩にあった指数 n が係数 n に化けるのか？なぜもとの指数 n が $n-1$ に変化するのだろうか？その理由を，導関数の定義に立ち戻って，一度きちんと考えてみようというのが本章の意図である。

　もちろん，微分の計算をしたことがある人なら，上のようなまどろっこしい導出をしなくても，$f(x) = x^2 - 4$ の導関数 $f'(x) = 2x$ を暗算で簡単に求められるだろう。しかし，こうした基礎的な導出を一回でもきちんと追っておくと，より難しい問題を扱う際の助けになることが多いのだ。

```
┌─ コーヒーブレイク ─────────────────────────┐
```

　絶対に「微分できない」連続関数という，とても病的な関数が存在することをご存じだろうか？ 例えば b を正の奇数としたとき

$$f(x) = \sum_{n=0}^{\infty} a^n \cos(b^n \pi x) \quad \left(\text{ただし } 0 < a < 1, \ ab > 1 + \frac{3}{2}\pi \right)$$

という関数は，すべての点で微分「不」可能な連続関数である。つまりこの関数のグラフは，端から端までつながっているにもかかわらず，すべての点が尖っているため，どこにも接線を引けないのだ。いわば，無限に短い線分を，無限にたくさん繋げてつくられた，変なグラフである。さらに

$$f(x) = \sum_{n=1}^{\infty} \frac{\sin(n^2 x)}{n^2}$$

という連続関数も，ほぼすべての点で微分「不」可能である。ただしこちらの場合は，$x_0 = \pi(2m+1)/(2n+1)$ という点（m と n は任意の整数）では例外的に微分できて，$f(x_0) = -1/2$ となることがわかっている。

　ちなみに前者の関数はワイエルシュトラス関数，後者はリーマン関数と呼ばれ，（ほぼ）いたるところで微分不可能な連続関数の代表例として知られている。関数が連続だからといって，必ずしも微分できるとは限らないのだ。

5.2 x^n の 微 分

　任意の自然数 n に対する $f(x) = x^n$ の導関数は，$f'(x) = nx^{n-1}$ で与えられる。ではこの公式は，微分の定義式からどのようにして導かれるのだろうか？

　まず微分の定義より，$f(x) = x^n$ に対して

$$f'(x) = \lim_{h \to 0} \frac{(x+h)^n - x^n}{h} \tag{5.9}$$

である。ここで，式 (5.9) 右辺の分数は，$h \to 0$ の極限において，分母と分子がともに 0 へ近づく。いわば 0/0 (0 分の 0) の不定形である[†]。そのため，このままでは，$h \to 0$ の極限で分数そのものがどんな値に近づくのか，その値を求めることができない。

ではどうするか。もし，式 (5.9) の分子を $h \times$ [残りの項] という形に変形できれば，式全体は

$$f'(x) = \lim_{h \to 0} \frac{h \times [残りの項]}{h} \tag{5.10}$$

という形になる。こうすれば，分母と分子の h を約分できるので，右辺は 0/0 の不定形ではなくなり，極限値が求まるであろう。

導関数を求めるには，
0/0 の不定形となってしまう要因を取り除けばよい。

一般の自然数 n を考える前に，まずは $n = 3$ の場合を考えよう。

例 5.2   関数 $f(x) = x^3$ の導関数 $f'(x)$ を，微分の定義式を用いて導出せよ。

【解説】   与式より

$$\begin{aligned}
f(x+h) - f(x) &= (x+h)^3 - x^3 \\
&= (x^3 + 3hx^2 + 3h^2x + h^3) - x^3 \\
&= h(3x^2 + 3hx + h^2)
\end{aligned} \tag{5.11}$$

この変形により，微分の定義式の分子 $f(x+h) - f(x)$ を，$h \times$[残りの項] という形にすることができた。

[†] 不定形とは，分母と分子が両方とも限りなく小さく (または大きく) なってしまうため，極限値が定まらない数式のことである。おもに 0/0 (0 分の 0) の形の不定形と，∞/∞ (無限大分の無限大) の形の不定形の 2 種類に分けられる。

$$f'(x) = \lim_{h \to 0} \frac{f(x+h) - f(x)}{h} = \lim_{h \to 0} \frac{h(3x^2 + 3hx + h^2)}{h} \tag{5.12}$$

あとは分母と分子の h を約分すれば

$$f'(x) = \lim_{h \to 0} \left(3x^2 + 3hx + h^2\right) = 3x^2 \tag{5.13}$$

となり，ほしい結果を得る。　　　　　　　　　　　　　　　　◀

　上の例 5.2 を拡張して，今度は一般の n の場合を考えよう。つまり $f(x) = x^n$ の導関数 $f'(x) = nx^{n-1}$ を，式 (5.14) のような，微分の定義式から導いてみよう。

$$f'(x) = \lim_{h \to 0} \frac{(x+h)^n - x^n}{h} \tag{5.14}$$

まず式 (5.14) の分子にある $(x+h)^n$ を展開してみる。そのためには，二項定理

$$(a+b)^n = a^n + na^{n-1}b + \frac{n(n-1)}{2}a^{n-2}b^2 + \cdots + nab^{n-1} + b^n$$

$$= \sum_{k=0}^{n} \binom{n}{k} a^k b^{n-k} \tag{5.15}$$

を用いればよい。ここで

$$\binom{n}{k} \equiv \frac{n!}{(n-k)!k!} \tag{5.16}$$

は二項係数と呼ばれる数である[†]。上記の二項定理を機械的に当てはめると，式 (5.14) の右辺の分子は

$$(x+h)^n - x^n = \sum_{k=0}^{n} \binom{n}{k} x^{n-k} h^k - x^n = \sum_{k=1}^{n} \binom{n}{k} x^{n-k} h^k$$

$$= h \cdot \sum_{k=1}^{n} \binom{n}{k} x^{n-k} h^{k-1} \tag{5.17}$$

と変形できる。

[†]　二項係数 $\binom{n}{k}$ は，確率論の基礎の一つである「数え上げ」の問題で登場する。例えば，n 個のボールの中から k 個を選びだす方法の総数は，$\binom{n}{k}$ に等しい。記号 $\binom{n}{k}$ のほか，$_nC_k$ や $C(n,k)$ などの記号が使われる場合もある。

式 (5.17) の右辺に注目すると，当初の目論みどおり，h×[残りの項] という形に変形できている。そこで，これを式 (5.14) に代入して整理すると

$$f'(x) = \lim_{h \to 0} \frac{(x+h)^n - x^n}{h} = \lim_{h \to 0} \frac{h \cdot \sum_{k=1}^{n} \binom{n}{k} x^{n-k} h^{k-1}}{h}$$

$$= \lim_{h \to 0} \sum_{k=1}^{n} \binom{n}{k} x^{n-k} h^{k-1} \tag{5.18}$$

これで，ようやく分母と分子の h を約分できた。つまりは，0/0 の不定形の呪縛からようやく逃れたことになる。

(再び注意!)
不定形じゃなくなれば，あとは単純な計算だけ。

あとは $h \to 0$ の極限で，式 (5.18) の右辺がどんな値に近づくかを考えればよい。そのために，右辺を式 (5.19) のように展開してみる。

$$\lim_{h \to 0} \sum_{k=1}^{n} \binom{n}{k} x^{n-k} h^{k-1}$$

$$= \lim_{h \to 0} \left\{ nx^{n-1} + \frac{n(n-1)}{2} x^{n-2} h + \cdots + nx h^{n-2} + h^{n-1} \right\} \tag{5.19}$$

ここで，右辺の { } 内の各項に注目しよう。まず { } 内の第 1 項 nx^{n-1} には，h が含まれていない。よって $h \to 0$ の極限をとっても，この項は nx^{n-1} の形のまま，なにも変わらない。一方，第 2 項目から先の項には，すべての h がかかっている。したがって，$h \to 0$ の極限をとると，これらの項はすべて 0 にどんどん近づく。

以上のことから，けっきょくは { } 内の第 1 項だけしか残らないため

$$f'(x) = nx^{n-1} \tag{5.20}$$

という結果が導かれる。

「$f(x) = x^n$ なら $f'(x) = nx^{n-1}$」というのは，多くの人が知ってる公式であろう。じつはこの公式の由来は，$(x+h)^n$ を展開したときに現れるたくさんの項のうちの，h に比例する項 $nx^{n-1}h$ からきているのである。

5.3　$\sqrt[n]{x}$ の 微 分

$f(x) = \sqrt[n]{x}$ の導関数 $f'(x)$ を，式 (5.21) のように，微分の定義に従って求めよう。

$$f'(x) = \lim_{h \to 0} \frac{\sqrt[n]{x+h} - \sqrt[n]{x}}{h} \tag{5.21}$$

式変形の方針は，前節と同様で，0/0 の不定形となってしまう要因を取り除くことである。

導関数を求めるには，

0/0 の不定形となってしまう要因を取り除けばよい。

本節でも，一般の自然数 n を考える前に，まずは簡単な例 ($n = 3$ の場合) を考えよう。

例 **5.3**　関数 $f(x) = \sqrt[3]{x}$ の導関数 $f'(x)$ を，微分の定義式を用いて導出せよ。

【解説】　与式より

$$f(x+h) - f(x) = \sqrt[3]{x+h} - \sqrt[3]{x} \tag{5.22}$$

ここで，以下の計算をわかりやすくするため，変数を

$$a = \sqrt[3]{x+h}, \quad b = \sqrt[3]{x} \tag{5.23}$$

に置き換えよう。この a と b は，関係式

$$a^3 - b^3 = h \tag{5.24}$$

を満たす．これらの表式を用いて，$f(x) = \sqrt[3]{x}$ に対する導関数 $f'(x)$ を a と b の式で表すと

$$f'(x) = \lim_{h \to 0} \frac{f(x+h) - f(x)}{h} = \lim_{a \to b} \frac{a - b}{a^3 - b^3} \tag{5.25}$$

となる．ここで $h \to 0$ は，$a \to b$ に置き換わることに注意しよう[†]。

式 (5.25) の右辺を $0/0$ の不定形ではなくするために，その分母を展開して

$$a^3 - b^3 = (a - b)(a^2 + ab + b^2) \tag{5.26}$$

とすると，$(a - b)$ を約分できて

$$f'(x) = \lim_{a \to b} \frac{a - b}{(a - b)(a^2 + ab + b^2)} = \lim_{a \to b} \frac{1}{a^2 + ab + b^2}$$
$$= \frac{1}{3b^2} \tag{5.27}$$

最後に，右辺を x の式に戻すと

$$f'(x) = \frac{1}{3\left(\sqrt[3]{x}\right)^2} = \frac{1}{3} x^{-\frac{2}{3}} \tag{5.28}$$

を得る。　　　　　　　　　　　　　　　　　　　　　　　　　◀

例 5.3 を拡張して，今度は一般の n の場合を考えよう．つまり式 (5.29) のように $f(x) = \sqrt[n]{x}$ の導関数を求めよう．

$$f'(x) = \frac{\sqrt[n]{x+h} - \sqrt[n]{x}}{h} \tag{5.29}$$

まずは式の記述を簡単にするため，式 (5.29) の右辺にある分子の各項を

$$a = \sqrt[n]{x+h}, \quad b = \sqrt[n]{x} \tag{5.30}$$

と置き換えよう．この a と b は，関係式

[†] なぜなら式 (5.23) からわかるとおり，$h \to 0$ において a は $\sqrt[3]{x}$ に（つまりは b に）近づくからである。

$$a^n - b^n = h \tag{5.31}$$

を満たす。これらの表式を用いて，式 (5.29) を a と b で表すと

$$f'(x) = \lim_{a \to b} \frac{a - b}{a^n - b^n} \tag{5.32}$$

となる。式 (5.32) の段階では，まだ 0/0 の不定形の呪縛からは逃れられていない。$a \to b$ の極限で，分母と分子がどちらも 0 に近づくためである。

　この事態を打破するためには，どうにかして，分母 $a^n - b^n$ から $a - b$ という項を引っ張りだし，分母と分子の $a - b$ を約分して消してしまいたい。それを実現するために，分母を

$$a^n - b^n = (a - b)(a^{n-1} + a^{n-2}b + \cdots + ab^{n-2} + b^{n-1}) \tag{5.33}$$

と変形しよう。すると，分母と分子の $a - b$ (=0/0 の不定形の要因!) が約分できて

$$f'(x) = \lim_{a \to b} \frac{1}{a^{n-1} + a^{n-2}b + \cdots + b^{n-1}} = \frac{1}{nb^{n-1}} \tag{5.34}$$

となる。これで右辺は 0/0 の不定形ではなくなった。

　　（再び注意!）
　　不定形じゃなくなれば，あとは単純な計算だけ。

　最後に，式 (5.34) の右辺を，b の式から x の式に書き直してやれば

$$f'(x) = \frac{1}{nx^{\frac{n-1}{n}}} = \frac{x^{-\left(\frac{n-1}{n}\right)}}{n} = \frac{x^{\frac{1}{n}-1}}{n} \tag{5.35}$$

すなわち

$$f(x) = \sqrt[n]{x} \left(= x^{\frac{1}{n}}\right) \quad \Rightarrow \quad f'(x) = \frac{x^{\frac{1}{n}-1}}{n} \tag{5.36}$$

という期待どおりの結果を得る。

5.4 e^x の 微 分

指数関数 $f(x) = e^x$ は，式 (5.37) のように微分しても関数の形が変わらない，唯一の関数である [†]。

$$f(x) = e^x \Rightarrow f'(x) = f(x) \tag{5.37}$$

以下では微分の定義に立ち返って，この指数関数の性質を証明しよう。まず $f(x) = e^x$ とおくと，微分の定義より

$$f'(x) = \lim_{h \to 0} \frac{e^{x+h} - e^x}{h} = e^x \lim_{h \to 0} \frac{e^h - 1}{h} \tag{5.38}$$

よって，もし式 (5.38) の末尾に現れた極限値が

$$\lim_{h \to 0} \frac{e^h - 1}{h} = 1 \tag{5.39}$$

を満たせば，$f'(x) = e^x = f(x)$ を証明できたことになる。

ところで，式 (5.39) を示す代わりに，その分子と分母を反転させた式

$$\lim_{h \to 0} \frac{h}{e^h - 1} = 1 \tag{5.40}$$

を示しても，同じことであろう。そこで以下では，式 (5.40) の証明を試みる。

自然対数の底 e のもともとの定義は式 (2.21) に示すように

$$e = \lim_{p \to \infty} \left(1 + \frac{1}{p} \right)^p \tag{5.41}$$

であった。ここで式 (5.41) の両辺の対数をとると

[†] 厳密には，e^x に任意の定数 C をかけた関数 $f(x) = Ce^x$ も，やはり $f'(x) = f(x)$ を満たす。

左辺：　$\log e = 1$

右辺：　$\displaystyle \log\left[\lim_{p\to\infty}\left(1+\frac{1}{p}\right)^p\right] = \lim_{p\to\infty}\left[\log\left(1+\frac{1}{p}\right)^p\right]$

$$= \lim_{p\to\infty}\left[p\cdot\log\left(1+\frac{1}{p}\right)\right]$$

となるので

$$1 = \lim_{p\to\infty}\left[p\cdot\log\left(1+\frac{1}{p}\right)\right] \tag{5.42}$$

を得る。さらに [　] 内の対数部分を $h = \log(1+1/p)$ と置き換えよう。これを式変形して，$p = \dots$ の形にすると

$$h = \log\left(1+\frac{1}{p}\right) \;\Rightarrow\; e^h = 1+\frac{1}{p} \;\Rightarrow\; p = \frac{1}{e^h-1} \tag{5.43}$$

これを式 (5.42) に代入して，式 (5.42) を h だけの式にすれば

$$1 = \lim_{h\to 0}\left(\frac{1}{e^h-1}\cdot h\right) \tag{5.44}$$

となる†。

　以上で式 (5.40) が示された。得られた結果をまとめると

$$f(x) = e^x \;\;\Rightarrow\;\; f'(x) = e^x \tag{5.45}$$

を証明できたことになる。

5.5　$\log x$ の 微 分

　対数関数 $f(x) = \log x$ の微分は，前節と似たやり方で証明できる。まず微分の定義より

---

†　ここで式 (5.42) の $p \to \infty$ が式 (5.44) の $h \to 0$ に置き換わったことに注意しよう。実際，もとの式 $h = \log[1+(1/p)]$ の右辺において $p \to \infty$ の極限をとると，この式の左辺である h は 0 に近づく。

$$f'(x) = \lim_{h \to 0} \frac{\log(x+h) - \log x}{h} = \lim_{h \to 0} \frac{\log\left(\dfrac{x+h}{x}\right)}{h}$$
$$= \lim_{h \to 0} \frac{1}{h} \log\left(1 + \frac{h}{x}\right) \tag{5.46}$$

最右辺に x/x を (つまり 1 を) かけると

$$f'(x) = \frac{1}{x} \lim_{h \to 0} \frac{x}{h} \log\left(1 + \frac{h}{x}\right) \tag{5.47}$$

ここで，対数の前にかかっている x/h を，$p = x/h$ と置き換える。$h \to 0$ で $p \to \infty$ となることに注意し，かつ e の定義式 $e = \lim_{p \to 0} (1 + 1/p)^p$ を用いると

$$f'(x) = \frac{1}{x} \times \lim_{p \to \infty} p \log\left(1 + \frac{1}{p}\right) = \frac{1}{x} \times \lim_{p \to \infty} \log\left(1 + \frac{1}{p}\right)^p$$
$$= \frac{1}{x} \times \log e = \frac{1}{x} \tag{5.48}$$

これで，対数関数に関する微分の公式

$$f(x) = \log x \quad \Rightarrow \quad f'(x) = \frac{1}{x} \tag{5.49}$$

を証明することができた。

コーヒーブレイク

　一般に中学や高校の数学では，たくさんの公式のすべてを憶える必要がある。しかし大学の数学では，その必要はない。もし公式を忘れても，その都度本で調べれば事足りる (実際に大学の先生の多くはいつもそうしている)。大事なのは，新しく学んだ公式・定理の導出方法を，一度でよいから自分の手できちんと追うことである。つまり大事なのは「憶える」ことではない。「忘れても」必要に応じて「思いだせる」よう，最初にきちんと「理解しておく」ことである。

5.6 微分の記号の使い分け

本章を閉じる前に，微分を表す各種の記号について，説明を補足しておく。
関数 $y = f(x)$ の導関数を表すときには，つぎのようにいろいろな記号が使
われる。

$$\frac{dy}{dx}, \quad \frac{df}{dx}, \quad y', \quad f', \quad f'(x) \qquad \text{など} \tag{5.50}$$

これらの記号はどれも同じ意味であるが，実際に使う場面では，それぞれ一
長一短がある。

1) dy/dx という記号は[†]，y を「x」で微分したことがわかりやすい。ま
   た，後述する部分積分 (10.4 節) などを用いる場合は，あたかも分数で
   あるかのように扱える便利さがある。df/dx という記号にも同様のよ
   さがある。ただしどちらの記号も，数式が繁雑になってしまうという
   デメリットがある。

2) y' と f' という記号は，使えば式が簡明になる。ただし，「なんの変数
   で」微分したのかがはっきりしない。例えば y が二つの変数 x と t の
   関数である場合に，y' と書いてしまうと，dy/dx なのか dy/dt なのか
   区別がつかない。

3) $f'(x)$ は，ほどほどに簡明で，かつ変数のあいまいさもない。ただし，
   上記 1) のような，分数のように扱える便利さはない。

以上のことから，その場に応じて最も適する記号を使うのが得策といえる。

微分の記号の選び方は，適材適所で。

[†] 記号 dy/dx は「ディーワイ，ディーエックス」と読む。分数ではないので，「ディーエッ
クスぶんの …」とは読まない。

ところで，dy/dx とよく似た記号に $\Delta y/\Delta x$ がある。しかしこの二つの似た記号は，つぎに示すとおり，記号のもつ意味が全然違うのだ。

いま図 **5.1** のような曲線 $y = f(x)$ を考えよう。この曲線の上にある 2 点 P, Q を考え，それらの x 座標の差を Δx，y 座標の差を Δy と書く。このとき，前で述べた二つの記号は，それぞれ以下のような意味をもつ。

$$\frac{\Delta y}{\Delta x} = \frac{y \text{ の増加分}}{x \text{ の増加分}} = 直線 PQ の傾き$$

$$\frac{dy}{dx} = \lim_{\Delta x \to 0} \frac{\Delta y}{\Delta x} = 点 P における接線の傾き$$

つまり $\Delta y/\Delta x$ は，ただの分数である。一方，dy/dx はその「極限」を意味する。より詳しくいうと

$\Delta x \to 0$　の極限をとったときに，

もし $\Delta y/\Delta x$ が「ある特定の値」に近づくならば，

その「特定の値」を，dy/dx という記号で表現するのである。

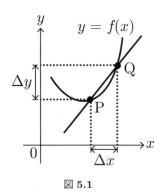

図 **5.1**

$$\frac{\Delta y}{\Delta x} \text{ はただの分数,} \frac{dy}{dx} \text{ はその極限値}$$

章 末 問 題

【1】 導関数の定義に従って，つぎの関数 $f(x)$ の導関数 $f'(x)$ を求めよ。

(1)　$f(x) = 3x$　　　(2)　$f(x) = \dfrac{1}{x}$　　　(3)　$f(x) = \dfrac{1}{x^2}$

(4)　$f(x) = \sqrt{x}$　　　(5)　$f(x) = \dfrac{1}{\sqrt{x}}$

【2】 微分の公式 $(x^n)' = nx^{n-1}$ を既知として，つぎの関数を x で微分せよ。

(1)　x　　　(2)　x^2　　　(3)　x^4　　　(4)　x^{-1}　　　(5)　x^{-2}

(6)　x^{-4}　　　(7)　x^0　　　(8)　$x\sqrt{x}$　　　(9)　$\sqrt[3]{x}$　　　(10)　$\sqrt[3]{x^2}$

(11)　$\dfrac{1}{\sqrt[3]{x}}$　　　(12)　$x + \sqrt{x}$　　　(13)　x^π　　　(14)　x^e

【3】 つぎの関数を，それぞれ $[\cdots]$ 内で指示された変数で微分せよ[†1]。

(1)　$S(r) = \pi r^2$　　$[r]$　　　(2)　$V(r) = \dfrac{4}{3}\pi r^3$　　$[r]$

(3)　$v(t) = u + at$　　$[t]$　　　(4)　$\ell(t) = ut + \dfrac{1}{2}at^2$　　$[t]$

(5)　$E(v) = \dfrac{1}{2}mv^2$　　$[v]$　　　(6)　$U(r) = -G\dfrac{Mm}{r}$　　$[r]$

【4】 (1)　ネピア数の定義式[†2]を用いて $\displaystyle\lim_{h\to 0}\dfrac{h}{e^h - 1} = 1$ を示せ。

(2)　(1) の結果を用いて $(e^x)' = e^x$ を示せ。

【5】 (1)　ネピア数の定義式を用いて $\displaystyle\lim_{h\to 0}\dfrac{1}{h}\log\left(1 + \dfrac{h}{x}\right) = \dfrac{1}{x}$ を示せ。

(2)　(1) の結果を用いて $(\log x)' = \dfrac{1}{x}$ を示せ。

[†1]　じつはこれらの関数は，いずれも幾何学的または物理的な意味をもつ関数である: (1) 円の面積, (2) 球の体積, (3) 速度, (4) 移動距離, (5) 運動エネルギー, (6) 万有引力の位置エネルギー。

[†2]　ネピア数の定義式は $e = \displaystyle\lim_{p\to\infty}(1 + 1/p)^p$ である。

第6章　関数の微分 ちょいムズ編

　本章では，複数の関数の組合せ (積, 商, 合成関数など) をまとめて微分する方法を扱う。

6.1　積　の　微　分

　二つの関数 $f(x), g(x)$ の積 $f(x)g(x)$ をまとめて x で微分するには，式 (6.1) のように片方ずつ微分して，最後に和をとればよい。

$$\Big[f(x)g(x)\Big]' = \underline{\underline{f'(x)}}g(x) + f(x)\underline{\underline{g'(x)}} \tag{6.1}$$

二重線を引いた箇所が，微分された関数である。この公式 (6.1) は，積の微分と呼ばれる。

積の微分は，端から一つずつ微分する。

　三つ以上の関数の積の場合も，同様の方法を使える。例えば

$$\Big[f(x)g(x)h(x)\Big]' = \underline{\underline{f'(x)}}g(x)h(x) + f(x)\underline{\underline{g'(x)}}h(x) + f(x)g(x)\underline{\underline{h'(x)}} \tag{6.2}$$

などとなる。

　例 6.1　$y = x \log x$ のとき，y' を求めよ。

【解説】　与えられた関数 $x \log x$ を，二つの関数 x と $\log x$ の積とみなすと

$$\left(x \log x\right)' = (x)' \log x + x(\log x)' = \log x + x \cdot \frac{1}{x}$$
$$= 1 + \log x \tag{6.3}$$

◀

　では，積の微分 (6.1) が成り立つことを，どのようにして証明できるのだろうか？

　まず微分の定義より

$$[f(x)g(x)]' = \lim_{h \to 0} \frac{f(x+h)g(x+h) - f(x)g(x)}{h} \tag{6.4}$$

ここで右辺の分子を，つぎのように変形する。

$$f\,(\,x+h)g(x+h) - f(x)g(x)$$
$$= f(x+h)g(x+h) \underline{- f(x)g(x+h)} + \underline{f(x)g(x+h)} - f(x)g(x) \tag{6.5}$$
$$= \Big[f(x+h) - f(x)\Big]g(x+h) + f(x)\Big[g(x+h) - g(x)\Big] \tag{6.6}$$

式 (6.5) で，波線部の二つの項 $-f(x)g(x+h)$ と $f(x)g(x+h)$ は，たがいに符号が逆であることに注意しよう。したがって，この二つの項を加えることは，実質的になにも加えていない (つまり 0 をたしている) のと同じである。

　ではなぜわざわざ，そんな変形をしたのかというと，式 (6.5) に含まれる四つの項をうまく組み合わせて，式 (6.6) の形をつくりたかったからである。この式 (6.6) を，微分の定義である式 (6.4) に代入すると

$$[f(x)\,g\,(x)]'$$
$$= \lim_{h \to 0}\left[\frac{f(x+h) - f(x)}{h} \cdot g(x+h)\right] + \lim_{h \to 0}\left[f(x) \cdot \frac{g(x+h) - g(x)}{h}\right]$$
$$= f'(x)g(x) + f(x)g'(x) \tag{6.7}$$

となり，確かに積の微分の公式が成り立つことがわかる。

6.2 商 の 微 分

今度は，二つの関数 $f(x), g(x)$ の商 $f(x)/g(x)$ を x で微分する方法を考えよう。それには，前節で述べた積の微分の方法を応用すればよい。すなわち

$$\left[\frac{f(x)}{g(x)}\right]' = f'(x) \cdot \frac{1}{g(x)} + f(x) \cdot \underline{\left(\frac{1}{g(x)}\right)'} \tag{6.8}$$

ここで，二重線を引いた部分では，$1/g(x)$ を x で微分する必要がでてくる。これは微分の定義に立ち戻ると，式 (6.9) のようにして求まる[†1]。

$$\left(\frac{1}{g(x)}\right)' = \lim_{h \to 0} \frac{\dfrac{1}{g(x+h)} - \dfrac{1}{g(x)}}{h} = \lim_{h \to 0} \frac{g(x) - g(x+h)}{h \cdot g(x+h)g(x)}$$

$$= \lim_{h \to 0} \left[-\frac{g(x+h) - g(x)}{h}\right] \cdot \frac{1}{g(x+h)g(x)}$$

$$= -\frac{g'(x)}{[g(x)]^2} \tag{6.9}$$

これを式 (6.8) に代入して

$$\left[\frac{f(x)}{g(x)}\right]' = \frac{f'(x)}{g(x)} - f(x) \cdot \frac{g'(x)}{[g(x)]^2} = \frac{f'(x)g(x) - f(x)g'(x)}{[g(x)]^2} \tag{6.10}$$

式 (6.10) で得た結果は，商の微分と呼ばれる。

式 (6.10) の右辺にある $f'g - fg'$ の順序に注意すること。f と g，どちらを先に微分するか迷った場合は，もとの関数 f/g の分子 f を先に微分する，と覚えておけばよい[†2]。

商の微分は，分子を先に微分する。

例 6.2 関数 e^x/x を x で微分せよ。

[†1] または，6.5 節で述べる「合成関数の微分」という方法を使っても，同じ結果が得られる。
[†2] ただし，その順序を忘れた場合でも，本節で述べた方法を使えば自分で確認できる。

【解説】　もとの関数の分子にある e^x から先に微分して，符号に注意すると

$$\left(\frac{e^x}{x}\right)' = \frac{(e^x)' \cdot x - e^x \cdot (x)'}{x^2} = \frac{xe^x - e^x}{x^2} = \frac{x-1}{x^2}e^x \tag{6.11}$$

◀

6.3　cos x の 微 分

三角関数 $f(x) = \cos x$ の微分 $f'(x)$ を考えよう。微分の定義に沿うと

$$f'(x) = \lim_{h \to 0} \frac{\cos(x+h) - \cos x}{h} \tag{6.12}$$

ここで $\cos(x+h)$ に対し，加法定理を用いると[†]

$$f'(x) = \lim_{h \to 0} \frac{\cos x \cos h - \sin x \sin h - \cos x}{h} \tag{6.13}$$

さらに，右辺に含まれる $\cos x$ と $\sin x$ は，h と無関係なので，記号 $\lim\limits_{h \to 0}$ の前にくくりだすことができる。その結果

$$f'(x) = \cos x \left(\lim_{h \to 0} \frac{\cos h - 1}{h}\right) - \sin x \left(\lim_{h \to 0} \frac{\sin h}{h}\right) \tag{6.14}$$

を得る。あとは，二重線を付けた二つの極限値がわかればよい。

　もし三角関数のグラフがすぐに思い浮かぶなら (図 **6.1**)，これらの極限値は，式を以下のように変形することで求まる。

$$\lim_{h \to 0} \frac{\cos h - 1}{h} = \lim_{h \to 0} \frac{\cos h - \cos 0}{h - 0} \tag{6.15}$$

$$\lim_{h \to 0} \frac{\sin h}{h} = \lim_{h \to 0} \frac{\sin h - \sin 0}{h - 0} \tag{6.16}$$

すなわち，これら二つの極限値は，それぞれ曲線 $y = \cos x$ と $y = \sin x$ の $x = 0$ における接線の傾きを意味している。グラフ曲線を思い浮かべれば (図 6.1)，それぞれの傾きは 0 と 1 であるとわかるので

[†]　関係式 $\cos(\alpha + \beta) = \cos \alpha \cos \beta - \sin \alpha \sin \beta$ を用いた。

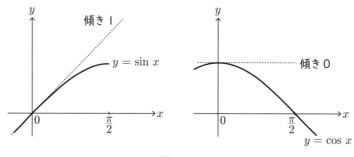

図 **6.1**

$$\lim_{h \to 0} \frac{\cos h - 1}{h} = 0 \tag{6.17}$$

$$\lim_{h \to 0} \frac{\sin h}{h} = 1 \tag{6.18}$$

これらを式 (6.14) に代入すれば

$$f'(x) = \cos x \times 0 - \sin x \times 1 \ = - \sin x \tag{6.19}$$

を得る。

　ただし上の議論は，曲線 $y = \sin x$ および $y = \cos x$ の接線の傾きが，あらかじめわかっていることを前提としている (図 6.1)。つまり，$\cos x$ の導関数を求めるための手がかりとして，$\sin x$ や $\cos x$ の導関数を用いていることになり，いわば「反則ワザ」を使ってることに等しい。

　ではそうした予備知識に頼らずに，式 (6.17) と式 (6.18) を証明するには，どうすればよいのであろうか。じつは，いくつかの図形 (二つの三角形と一つの扇形) の面積をたがいに比べることで，式 (6.17) と式 (6.18) を証明することができるのである。その証明の詳細は，付録 A.3 にゆずる。

6.4　$\sin x$ の微分，$\tan x$ の微分

　前節と同様の導出によって，$\sin x$ の微分と $\tan x$ の微分を求めることができる。

例 6.3　微分の定義に従って，$(\sin x)' = \cos x$ を導出せよ。

【解説】　微分の定義より

$$(\sin x)' = \lim_{h \to 0} \frac{\sin(x + h) - \sin x}{h} \tag{6.20}$$

ここで加法定理 $\sin(x + h) = \sin x \cos h + \cos x \sin h$ を使い，式を整理すると

$$(\sin x)' = \sin x \cdot \left(\lim_{h \to 0} \frac{\cos h - 1}{h} \right) + \cos x \cdot \left(\lim_{h \to 0} \frac{\sin h}{h} \right) \tag{6.21}$$

つづいて，前節の式 (6.17) と式 (6.18) で得た二つの極限値を代入すると

$$(\sin x)' = \sin x \cdot 0 + \cos x \cdot 1 \;\; = \cos x \tag{6.22}$$

以上より，$(\sin x)' = \cos x$ を得る。　　　　　　　　　　　　　　　　◀

例 6.4　微分の定義に従って，$(\tan x)' = 1/\cos^2 x$ を導出せよ。

【解説】　微分の定義より

$$(\tan x)' = \lim_{h \to 0} \frac{\tan(x + h) - \tan x}{h} \tag{6.23}$$

ここで加法定理 $\tan(x + h) = \dfrac{\tan x + \tan h}{1 - \tan x \tan h}$ を使うと

$$
\begin{aligned}
(\tan x)' &= \lim_{h \to 0} \frac{\dfrac{\tan x + \tan h}{1 - \tan x \tan h} - \tan x}{h} \\
&= \lim_{h \to 0} \frac{\tan x + \tan h - \tan x(1 - \tan x \tan h)}{h \cdot (1 - \tan x \tan h)}
\end{aligned} \tag{6.24}
$$

h を含まない項を，記号 $\lim\limits_{h \to 0}$ の前にくくりだして

$$
\begin{aligned}
(\tan x)' &= (1 + \tan^2 x) \lim_{h \to 0} \frac{\tan h}{h} \cdot \frac{1}{1 - \tan x \tan h} \\
&= \frac{1}{\cos^2 x} \cdot \lim_{h \to 0} \left(\frac{\sin h}{h} \cdot \frac{1}{\cos h} \cdot \frac{1}{1 - \tan x \tan h} \right)
\end{aligned} \tag{6.25}
$$

最後に $h \to 0$ の極限をとると

$$\frac{\sin h}{h} \to 1, \quad \frac{1}{\cos h} \to 1, \quad \frac{1}{1 - \tan x \tan h} \to 1 \tag{6.26}$$

なので, $(\tan x)' = 1/\cos^2 x$ を得る。　　　　　　　　　　　　◀

6.5　合成関数の微分

　合成関数とは, いわば「関数の関数」である。例えば $y = \sin(\log x)$ は, ( ) 内の関数 $\log x$ を一つの変数 u に置き換えて

$$y = \sin u, \quad u = \log x \tag{6.27}$$

と分解できる。このように表現すると, y は u の関数であり, u は x の関数である, とみなすことができる。こうした数珠繋ぎの関係性をもつ関数どうしの組合せを, ひとまとめにして合成関数と呼ぶのである (図 **6.2**)。

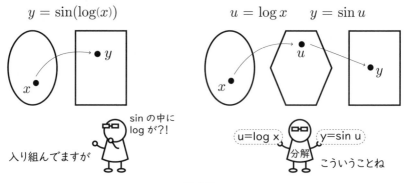

図 **6.2**

　こうした合成関数を微分するには, 式 (6.28) のような関係式を用いればよい。

$$\frac{dy}{dx} = \frac{dy}{du} \cdot \frac{du}{dx} \tag{6.28}$$

式 (6.28) の両辺を見比べると，あたかも右辺にある du を "約分" すれば，左辺が得られるように見える。このように，あたかも分数であるかのような計算を通して (本当は分数ではないのだけれど！) 微分を扱えるという点が，記号 dy/dx の優れている点なのである。

合成関数の微分 $\dfrac{dx}{dy} = \dfrac{dy}{du} \cdot \dfrac{du}{dx}$ **は，**

見た目が「約分」そのもの。

さて，式 (6.28) の二重下線部では，y を x で微分している。一方，波線部では，y を u で微分している。この二つの違いは，例 6.5 で説明できる。

例 6.5 関数 $y = \sin(\log x)$ を，x で微分せよ。

【解説】　与えられた関数は，二つの変数 y と x の関係を示している。そこで，変数が x であることを強調するために，式の左辺を y ではなく $y(x)$ と書こう。

ところで，この関数は，式 (6.29) の二つの関数が組み合わさった合成関数とみなすこともできる（図 6.2）。

$$y(u) = \sin u, \quad u(x) = \log x \tag{6.29}$$

ここで，新しい変数 u を新たに導入した。式 (6.29) にある左側の式は，y と u の関係を示しているので，$y(u)$ という表記を用いた[†]。一方，式 (6.29) にある右側の式は，u と x の関係を示すので，$u(x)$ という表記を用いた。

式 (6.29) より，明らかに

$$\frac{dy(u)}{du} = \frac{d}{du}\sin u = \cos u \tag{6.30}$$

$$\frac{du(x)}{dx} = \frac{d}{dx}\log x = \frac{1}{x} \tag{6.31}$$

[†] ここで，記号 $y(u)$ における ( ) の中が，u である (x ではない) ことに注意。

これらを公式 (6.28) に代入して，与えられた関数 $y(x)$ の x 微分を求めると

$$\frac{dy(x)}{dx} = \frac{dy(u)}{du} \cdot \frac{du(x)}{dx} = \cos u \cdot \frac{1}{x} \tag{6.32}$$

となる。

ただし変数 u というのは，こちらの都合で勝手に導入した変数なので，最終的な結果は x だけの式で表したい。そこで，式 (6.32) の最後の項に含まれる $\cos u$ を x の式で表し直すと

$$\frac{dy(x)}{dx} = \frac{\cos(\log x)}{x} \tag{6.33}$$

これが求める答えである [†]。 ◀

6.6 合成関数の微分公式の「大雑把な」証明

合成関数の微分を表す公式 (6.28) は，微分の定義からどのようにして導出されるのだろうか？ ごく大雑把には，以下のようにして導出できる。

いま，二つの関数 $y = f(u)$ と $u = g(x)$ を組み合わせた合成関数 $y = f(g(x))$ を，x で微分することを考える。微分の定義に従うと

$$\frac{dy}{dx} = \lim_{\Delta x \to 0} \frac{f[g(x + \Delta x)] - f[g(x)]}{\Delta x} \tag{6.34}$$

右辺の分子と分母に $g(x + \Delta x) - g(x)$ をかけると

$$\frac{dy}{dx} = \lim_{\Delta x \to 0} \frac{f[g(x + \Delta x)] - f[g(x)]}{g(x + \Delta x) - g(x)} \cdot \frac{g(x + \Delta x) - g(x)}{\Delta x} \tag{6.35}$$

ここで，x の増加 Δx に伴う u の増加分を

$$\Delta u = g(x + \Delta x) - g(x) \tag{6.36}$$

と表現しよう。$\Delta x \to 0$ の極限において，明らかに $\Delta u \to 0$ なので，式 (6.35)

[†] 式 (6.30) と式 (6.33) を見比べると，確かに二つの導関数 $dy(u)/du$ と $dy(x)/dx$ が，おたがいにまったく別の関数であることがわかる。その理由は，u の関数である $y(u) = \sin u$ と，x の関数である $y(x) = \sin(\log x)$ では，関数形そのものが違うからである。実際，$y(u) = \sin u$ の変数 u を機械的に x へ置き換えると $y(x) = \sin x$ という関数形になるが，この式はもともとの関数 $y(x) = \sin(\log x)$ と一致せず，別の形の関数に変わってしまっている。つまりこの場合，$y(u)$ と $y(x)$ はぜんぜん別のものなのだ。

は式 (6.37) のように書き換えられる。

$$\frac{dy}{dx} = \lim_{\Delta u \to 0} \frac{f(u + \Delta u) - f(u)}{\Delta u} \cdot \lim_{\Delta x \to 0} \frac{g(x + \Delta x) - g(x)}{\Delta x} \qquad (6.37)$$

右辺に現れた分数の極限は，それぞれ微分の定義に基づいた dy/du と du/dx そのものである。以上より

$$\frac{dy}{dx} = \frac{df}{du} \cdot \frac{dg}{dx}$$

つまり

$$\frac{dy}{dx} = \frac{dy}{du} \cdot \frac{du}{dx} \qquad (6.38)$$

が証明できた。

しかし，はたしてこの証明で本当に正しいのだろうか？ もしどこかに引っ掛かった読者がいたら，非常に鋭い。

じつは，ここで述べた合成関数の公式の証明は，厳密には正しくない。その理由は，式 (6.35) において，分母の $g(x + \Delta x) - g(x)$ が 0 となってしまう可能性を考慮していないためである。分母が 0 になることは，数学のルールで許されていない。ではどういう場合に，この分母が 0 となってしまうのだろうか？

例えば関数 $u = g(x)$ が，図 **6.3** のような曲線を描くとしよう。$x = p$ と $x = q$ の間で，$g(x)$ は定数 c に等しい水平線となっている。よって，もし x と $x + \Delta x$ がどちらも p と q の間にあれば，$g(x)$ と $g(x + \Delta x)$ の値はまったく同じ値になる。このようなケースが，上記で懸念した $g(x + \Delta x) - g(x) = 0$ という状況に該当するのである。

合成関数の微分を厳密に証明するには，
g(x)が定数関数の場合もきちんと考慮しなければならない。

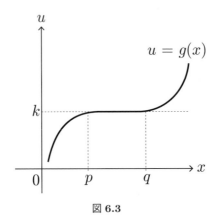

図 **6.3**

　上記のような状況を考慮していないという意味で，先ほどの導出は厳密には正しくない[†]。では，いったいどうすれば

$$\frac{dy(u(x))}{dx} = \frac{dy(u)}{du} \cdot \frac{du(x)}{dx} \tag{6.39}$$

を厳密に証明できるだろうか？　それには，微分や導関数の概念に関する，ちょっとした発想の転換が必要となる。その詳細は，付録 A.4 で述べる。

　実際面での使い方を復習するため，最後にもう一つ例を挙げておく。

　例 **6.6**　関数 $y = (x^2 + 3x + 1)^4$ を微分せよ。

【解説】　与式を展開して各項を微分してもよいが，それだと計算が煩雑になる。そこで，（　）の中を u とおき

$$y = u^4, \quad u = x^2 + 3x + 1 \tag{6.40}$$

として，そのそれぞれを u または x で微分すると

$$\frac{dy}{du} = 4u^3, \quad \frac{du}{dx} = 2x + 3 \tag{6.41}$$

これらを用いると，dy/dx は式 (6.42) のように求まる。

[†]　ただし，絶対に $g(x + \Delta x) - g(x) = 0$ にはならないとあらかじめわかっている関数に対しては，ここで述べた導出でも正しい。

$$\frac{dy}{dx} = \frac{dy}{du} \cdot \frac{du}{dx} = 4u^3 \cdot (2x+3) = 4(x^2+3x+1)^3(2x+3) \qquad (6.42)$$

最後の項は，必要ならば展開してもよい[†]。　　　　　　　　　　　　◀

6.7　逆関数の微分

さて，前節まではおもに，与えられた関数 $y = f(x)$ に対してその導関数 dy/dx を求めることを考えてきた。本節では，逆関数 $x = f^{-1}(y)$ に対する導関数 dx/dy を求めてみよう。

例えば，関数 $y = f(x) = e^x$ が与えられたとする。この両辺を x で微分すると

$$\frac{dy}{dx} = \frac{de^x}{dx} = e^x \qquad (6.43)$$

つぎに，与えられた関数の逆関数 $x = f^{-1}(y) = \log y$ を考える。これを変数 y で微分すると

$$\frac{dx}{dy} = \frac{d\log y}{dy} = \frac{1}{y} \qquad (6.44)$$

では，式 (6.43) と式 (6.44) で求めた二つの導関数には，どんな関係があるのだろうか？ それを知るために，式 (6.44) の右辺の $1/y$ を，もともとの関数 $y = e^x$ を用いて x の式に書き直してみよう。すると

$$\frac{dx}{dy} = \frac{1}{e^x} \qquad (6.45)$$

となる。さらに式 (6.43) と式 (6.45) の辺々をかけると

$$\frac{dy}{dx} \times \frac{dx}{dy} = 1 \qquad (6.46)$$

となることがわかる。つまり dy/dx と dx/dy は，たがいに逆数の関係にあるのである。

[†]　特に展開する形が必要でないのであれば，わざわざ展開して式の形を複雑にせず，このままの形に留めたほうがよい。

$$\frac{dy}{dx} \text{ と } \frac{dx}{dy} \text{ は，たがいに逆数！}$$

しかも式 (6.46) を見ると，左辺の dy と dx があたかも約分されているかのように見えるであろう[†]。この意味でも，式 (6.46) の結果はとても覚えやすく，dy や dx という記法がとても優れていることを暗に示している。

式 (6.46) の結果は，一般の関数についても成り立つ。それを示すには，一般の関数 $y = f(x)$ に対して，その逆関数を

$$x = g(y) \tag{6.47}$$

とおき，この両辺を x で微分すればよい。合成関数の微分を用いると

$$1 = \frac{dg(y)}{dx} = \frac{dg(y)}{dy} \cdot \frac{dy}{dx} = \frac{dx}{dy} \cdot \frac{dy}{dx} \tag{6.48}$$

となり，ほしい結果を得る。

6.8　逆三角関数の微分

逆三角関数とは，三角関数 $\sin x, \cos x, \tan x$ の逆関数 のことであった。つまり

$$f(x) = \sin x \quad \text{の逆関数は} \quad f^{-1}(x) = \arcsin x,$$

$$f(x) = \cos x \quad \text{の逆関数は} \quad f^{-1}(x) = \arccos x,$$

$$f(x) = \tan x \quad \text{の逆関数は} \quad f^{-1}(x) = \arctan x$$

であった。では，逆三角関数を微分すると，どんな関数になるのだろうか？この問いは，逆関数の微分に関する式 $dy/dx = 1/(dx/dy)$ を用いると，例 6.7 のようにして解くことができる。

[†]　ただし実際は，dx や dy は数ではないので，約分されているのではないことに注意。

例 6.7   関数 $y = f(x) = \sin x$ (ただし $-\pi/2 < x < \pi/2$) について，その逆関数 $x = f^{-1}(y)$ の導関数 dx/dy を求めよ。

【解説】   もしこの問いを解くために，指定された逆関数である

$$x = \arcsin y \tag{6.49}$$

を直接 y で微分して dx/dy を求めようとすると，はたしてどうなるだろう? その場合は，右辺にある逆三角関数を微分する方法を知らなければ，そこで計算が止まってしまう。

そこで以下では，式 (6.46) を利用してこの問題を解いてみよう。まず dy/dx は x の関数として

$$\frac{dy}{dx} = \cos x \tag{6.50}$$

と書ける。これを用いると，dx/dy を y の関数として

$$\frac{dx}{dy} = \frac{1}{\dfrac{dy}{dx}} = \frac{1}{\cos x} \tag{6.51}$$

と表せる。

ただしこのままでは，最右辺が x の式になっている。いまは関数 $x(y)$ を y で微分するのだから，微分した結果も y の式で表すのが望ましい。そのためには，与えられた関係式 $\sin x = y$ を用いて，式 (6.51) の最右辺にある $\cos x$ を

$$\cos x = \sqrt{1 - \sin^2 x} = \sqrt{1 - y^2} \tag{6.52}$$

と変形すればよい。これを式 (6.51) に代入することで

$$\frac{dx}{dy} = \frac{1}{\sqrt{1 - y^2}} \tag{6.53}$$

を得る。

ちなみに式 (7.1) の根号 $\sqrt{}$ には，$\pm$ の記号が<u>付かない</u>ことに注意しよう。なぜなら，与えられた条件 $-\pi/2 < x < \pi/2$ より，$\cos x$ は必ず正の値をとるためである[†1]。つまり，式 (7.1) の左辺が必ず正だとわかっているので，それを根号の付いた形で表し直しても，やはりそれは正である (マイナスの記号は付かない) のだ。　　　　　　　　　　　　　　　　　　　　◀

例 6.7 で示したことは，$y = f(x) = \sin x$ の逆関数 $x = f^{-1}(y) = \arcsin y$ に対して

$$\frac{df^{-1}(y)}{dy} = \frac{d\arcsin y}{dy} = \frac{1}{\sqrt{1-y^2}} \tag{6.54}$$

が成り立つことであった。この関係式自体は，$-1 < y < 1$ を満たす y すべてに対して成り立つ。したがって，式に含まれる変数 y を，新たに別の変数 x と置き換えれば[†2]，式 (6.55) のような逆三角関数 $\arcsin x$ に対する微分の公式を得る。

$$\frac{d\arcsin x}{dx} = \frac{1}{\sqrt{1-x^2}} \tag{6.55}$$

ただし $\arcsin x$ の値域としては，主値のみ ($-\pi/2$ から $\pi/2$ まで) を考えた。

残り二つの逆三角関数 $\arccos x$ と $\arctan x$ についても，同様の議論によって，以下の結果を得ることができる (章末問題【5】を参照のこと)。

$$\frac{d\arccos x}{dx} = \frac{-1}{\sqrt{1-x^2}}, \qquad \frac{d\arctan x}{dx} = \frac{1}{1+x^2} \tag{6.56}$$

[†1]　もしこの条件がなければ，式 (7.1) の $\sqrt{}$ の前には $\pm$ を付ける必要がある。そしてそのときは，一つの y の値に対して二つの異なる dx/dy の値が対応してしまうため，関数 $x(y)$ は y で微分不可能ということになる。

[†2]　この変数の置き換えで用いた x は，単なる「一般的な変数」であり，もとの変数 y とはなんの関係もないことに注意。一般的な変数なので，式 (6.55) で変数として用いる記号は x にこだわる必要がなく，z や u など別の記号を用いてもよい。一方，例 6.7 で扱った $x = f^{-1}(y)$ という変数の置き換えは，$y = f(x)$ で関係づけられる y と x の関係を保ったまま，y の部分を x という変数で表し直している。これら二つの変数の置き換えは，意味が異なることに注意してほしい。

章 末 問 題

【1】 つぎの関数を x で微分せよ[†]。

(1) $2x(3x-2)^5$　　(2) $2x\sqrt{x+3}$　　(3) $(x+\sqrt{x})(1+\sqrt{x})$

(4) $(x-1)^3$　(5) $(2x^2+3)^4$　(6) $\dfrac{x^3-2}{x}$　(7) $\left(x+\dfrac{1}{x}\right)^2$

(8) $\dfrac{x+5}{2x+1}$　　(9) $\dfrac{x-3}{5x+2}$　　(10) $\dfrac{2x}{\sqrt{x+1}}$

(11) $\dfrac{x-1}{\sqrt{x}}$　　(12) $\dfrac{x-4}{\sqrt[3]{x}}$　　(13) $\sqrt{x^4+4x^3+4x^2}$

【2】 つぎの関数を x で微分せよ。

(1) $\sin 3x$　　(2) $2\cos x$　　(3) $\sin x \cos x$　　(4) $x\sin x$

(5) $\dfrac{\sin x}{x}$　　(6) $\dfrac{x}{\cos x}$　　(7) $\dfrac{\cos x}{1+\sin x}$　　(8) $\cos^2 x - \sin^2 x$

(9) $\sin(ax+b)$　　(10) $\dfrac{1}{\sin x - \cos x}$　　(11) $\cos^2 x + \sin^2 x$

(12) $\tan 2x$　　(13) $\tan x^2$　　(14) $\tan^2 x$　　(15) $\dfrac{1}{\tan x}$

【3】 つぎの関数を x で微分せよ。

(1) e^{2x}　(2) e^{-x}　(3) $e^{(x^2)}$　(4) xe^x　　(5) $-2xe^{-2x}$

(6) $e^{(e^x)}$　(7) $\dfrac{e^x+1}{e^x-1}$　　(8) $\sinh x$　(9) $\cosh x$　(10) $\tanh x$

(11) $\dfrac{1}{\sinh x}$　(12) $\dfrac{1}{\cosh x}$　(13) $\dfrac{1}{\tanh x}$　　(14) $\cosh^2 x - \sinh^2 x$

【4】 つぎの関数を x で微分せよ。

(1) $\log(3x)$　(2) $3\log x$　(3) $\log(x^3)$　(4) $\log\left(\dfrac{x+1}{x+3}\right)$

(5) $(\log x)^2$　(6) $x\log x$　(7) $x^2\log x$　　(8) $\log(\log x)$

[†] この章末問題を解く際には，基本的な微分の公式を，既知として使ってもよいものとする。

(9) $\log\left(\dfrac{1}{x}\right)$ (10) $\log\left(e^{x}\right)$ (11) $\log\left(\cos x\right)$

【5】 つぎの逆三角関数を x で微分せよ。ただしすべての逆三角関数は，その主値のみを考えるとする。

(1) $\arccos x$ (2) $\arcsin x$ (3) $\arctan x$

(4) $\arcsin\left(\dfrac{x}{3}\right)$ (5) $\arcsin\left(3x\right)$ (6) $x\arcsin x$

(7) $\arccos\left(-\dfrac{x}{2}\right)$ (8) $\arccos\left(-2x\right)$ (9) $x\arccos x$

(10) $\arctan\left(\dfrac{x}{4}\right)$ (11) $\arctan\left(4x\right)$ (12) $x\arctan x$

【6】 c を 0 でない任意の定数としたとき，$[\arcsin(cx)]' = [\arccos(-cx)]'$ がすべての実数 x について成り立つことを示せ。

【7】 一般に，偶関数 $G(x)$ と奇関数 $K(x)$ は，つぎの関係式を満たす。

$$G(-x) = G(x), \quad K(-x) = -K(x)$$

これを踏まえ，合成関数の微分の方法を用いることで，つぎのことを証明せよ。
(1) 偶関数を微分すると，常に奇関数となる。
(2) 奇関数を微分すると，常に偶関数となる。

第7章　微分計算の応用

本章の前半では，微分の計算で役に立つ計算手法 (対数微分，陰関数の微分) を紹介する。章の後半では，微分が関係する文章問題 (関数の最大最小，相関する変化率) を扱う。

7.1　対数微分法

複雑に組み合わされた関数を微分する場合は，式の両辺の対数をとることで，計算が簡単になることがある。

例えば

$$y = \frac{\sqrt{x^2+1}}{(3x+2)^5} \tag{7.1}$$

の導関数 dy/dx を求めることを考えよう。この右辺を x で直接微分しようとすると，計算がとても煩雑になる。そこでその代わりに，まず式 (7.1) の両辺の対数をとって

$$\log y = \log\left[\frac{\sqrt{x^2+1}}{(3x+2)^5}\right] = \log\sqrt{x^2+1} - \log\left[(3x+2)^5\right]$$

$$= \frac{1}{2}\log(x^2+1) - 5\log(3x+2) \tag{7.2}$$

と変形する。そのうえで，最右辺と最左辺を x で微分すると

$$\frac{1}{y}\cdot\frac{dy}{dx} = \frac{1}{2}\cdot\frac{2x}{x^2+1} - 5\cdot\frac{3}{3x+2} \tag{7.3}$$

を得る。

式 (7.2) から式 (7.3) への計算では，右辺の微分が簡単に求まる点に注意しよう。その理由は，もとの式 (7.1) の右辺が「関数どうしの積」だったのに対して，両辺の対数をとったあとの式 (7.2) の右辺が「関数どうしの和」で表されているためである。積を微分するより，和を微分するほうが，断然にやさしいのである。

さらに式 (7.3) を整理して

$$\frac{dy}{dx} = y\left(\frac{x}{x^2+1} - \frac{15}{3x+2}\right) = \frac{\sqrt{x^2+1}}{(3x+2)^5} \cdot \left(\frac{x}{x^2+1} - \frac{15}{3x+2}\right) \tag{7.4}$$

を得る[†]。このように対数微分法とは，関数どうしの組合せ (かけ算・割り算・べき乗など) でできた関数を微分するときに，威力を発揮する。

関数の組合せを微分するときは，

両辺の対数をとってから微分する！

対数微分法の練習問題として頻繁にだされるのが，例 7.1 である。

例 7.1 $y = x^x$ のとき，dy/dx を求めよ。

【解説】   まず $y = x^x$ の両辺の対数をとると

$$\log y = \log (x^x) = x \log x \tag{7.5}$$

最左辺と最右辺を x で微分して

$$\frac{1}{y} \cdot \frac{dy}{dx} = \log x + x \cdot \frac{1}{x} = 1 + \log x \tag{7.6}$$

したがって

[†]   最後の項の (   ) 内を通分するかどうかは，必要に応じて決めればよい。例えば，$x = 1$ における y の微分係数を知りたいというときは，わざわざ通分せずにこのままの形でも解が求まる。

$$\frac{dy}{dx} = y\left(1 + \log x\right) = x^x\left(1 + \log x\right) \tag{7.7}$$

◀

7.2 陰 関 数

いままでの問題では，いつも関数が $y = [x$ の式$]$ の形で与えられていた。しかし，これが常とは限らない。例えば，原点を中心とした半径 r の円を表す式

$$x^2 + y^2 - r^2 = 0 \tag{7.8}$$

は，x と y の関係が与えられているものの，$y = [x$ の式$]$ の形にはなっていない。このように，$[x$ と y の式$] = $ 定数 の形で与えられる関数のことを，陰関数という [†]。

例 **7.2** 式 (7.9) の関数は，x と y に関する陰関数である。

$$\sqrt{x} + \sqrt{y} = 1 \tag{7.9}$$

ここで，もし式 (7.9) を陽関数の形に変えたらどうなるか。まず式を $\sqrt{y}$ について解き

$$\sqrt{y} = 1 - \sqrt{x} \tag{7.10}$$

としてから両辺を二乗すると

$$y = (1 - \sqrt{x})^2 = 1 + x - 2\sqrt{x} \tag{7.11}$$

こうすると，式 (7.9) に対応する陽関数が得られる。

[†] 一方，$y = [x$ の式$]$ の形で定義された関数のことを，陽関数と呼ぶ。

ただし，式 (7.9) と式 (7.11) では，x の定義域が違うことに注意しよう [†1]。
結論からいうと，それぞれの式は，下記の x の範囲でのみ定義される。

$$\sqrt{x} + \sqrt{y} = 1 \quad (0 \leqq x \leqq 1) \tag{7.12}$$

$$y = 1 + x - 2\sqrt{x} \quad (x \geqq 0) \tag{7.13}$$

図 7.1 には，それぞれの式のグラフを示した。確かに，左側のグラフは，右側のグラフの一部 ($0 \leqq x \leqq 1$ に含まれる部分のみ) であることがわかる。

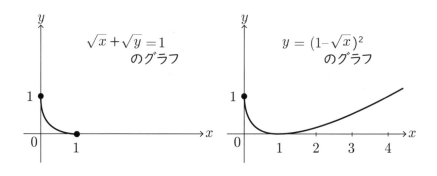

図 **7.1**

陰関数 [x と y の式]=0 を
陽関数 y=[x の式] に変形すると
式の意味が変わる場合がある。

さて，では上記二つの関数の定義域は，どうして違うのか。まず陰関数 $\sqrt{x} + \sqrt{y} = 1$ の式では，x と y がどちらも根号 $\sqrt{}$ の内側にある。よって x と y はどちらも非負でなければならない [†2]。さらに，式 (7.12) を

[†1]　このように定義域が変わってしまった理由は，式変形の途中で，両辺を二乗したためである。一般に，式の両辺を二乗すると，式の意味が変わってしまう。例えば，$a = -3$ の両辺を二乗すると $a^2 = 9$ となるが，この二つの式は同じではない ($a^2 = 9$ は $a = \pm 3$ を意味する)。

[†2]　つまり $x \geqq 0$ かつ $y \geqq 0$ でなければならない。

$$\sqrt{y} = 1 - \sqrt{x}$$

と書き直すと，左辺の $\sqrt{y}$ は常に非負なので，右辺 $1 - \sqrt{x}$ も非負でなければ
ならない。したがって陰関数で表された式 (7.12) では，x の動ける範囲が，
$1 - \sqrt{x} \geqq 0$ かつ $x \geqq 0$，つまり $0 \leqq x \leqq 1$ に限定される。

　一方，式 (7.13) で表された陽関数 $y = 1 + x - 2\sqrt{x}$ の場合は，式の中に
$\sqrt{x}$ しか含まれていない (つまり $\sqrt{y}$ が含まれていない)。したがってこの式
が意味をもつためには，$x \geqq 0$ でさえあればよい ($x \leqq 1$ である必要はない)
のである。

　この例からわかるように，与えられた陰関数を陽関数の形に変形する場合
は，式の意味が変わってしまっていないかどうか (式の等価性が保たれてい
るか) を，常に注意する必要がある。

　では，なぜそんな陰関数という面倒なものをわざわざ話題にする必要があ
るのかというと，「いやでも陰関数のまま扱わなければならない」場面があ
るためである。例えば例 7.3 が，それに当てはまる。

　例 7.3　下記の二つは，どちらも x と y に関する陰関数である。

　(1)　$\sin(xy) = y$

　(2)　$y^5 - x^2 y^2 + 2x^4 = 6$

　例 7.3(1) の関数を，$y = [x \text{ の式}]$ の形に変えることは，少なくとも初等関
数の範囲では不可能である。また，例 7.3(2) で示した式は，y に関する 5 次
方程式とみなせる。5 次以上の方程式には解の公式が存在しないため，一般
にはこれを y について解くことができない。その意味で，やはり陽関数の形
に変形することができない。

　このように，そもそも原理的に陽関数の形で表せない (陰関数の形で我慢
するしかない) 場合がありえるのである。

┌─ コーヒーブレイク ─┐

　陰関数 $x^2 + y^2 = 1$ のグラフは，円になる。ではつぎの陰関数のグラフは，どんな形になるだろうか？

$$x^2 + \left(y - \sqrt{|x|}\right)^2 = 1$$

じつはこれ，ハート型になるのである。

　さらにもう一つ。絶対値を用いた陰関数 $|x| + |y| = 1$ のグラフは，正方形を $45°$ だけ傾けたダイヤモンド型になる。ではつぎの陰関数のグラフは，どんな形になるだろうか？

$$|x| + |x - 1| = |y| + |y - 1|$$

じつはこのグラフを正確に描くと，塗りつぶされた正方形が登場する。直線でも曲線でもなく，2 次元的な広がりのある領域が登場するのである。

　このとおり陰関数というのは，式の見た目が単純でも，グラフにするとかなり変わった形を示すことがよくある。

7.3　陰 関 数 の 微 分

　本節では，陰関数の形で与えられた x と y の関係式から，導関数 dy/dx を導く方法を考えよう。じつは，わざわざ $y = [x$ の式$]$ の形に変形しなくても，合成関数の微分を使うことで dy/dx を求めることができる。

　最も簡単な例として，下のような円の場合を再び考えよう。

例 7.4　x と y が $x^2 + y^2 = r^2$(ただし r は定数) を満たすとき，導関数 dy/dx を求めよ。

【解説】　与式の両辺を x で微分すると †

---

† ここで r は定数なので，x で微分すると 0 になることに注意。

$$2x + 2y\frac{dy}{dx} = 0 \tag{7.14}$$

これを変形して

$$\frac{dy}{dx} = -\frac{x}{y} \tag{7.15}$$

を得る。式 (7.15) の右辺は y を含んだままだが，これをいちいち $y = [x$ の式$]$ の形に変形するか否かは，必要に応じて決めればよい (できない場合もあるので)。　◀

ところで，上で求めた式 (7.15) を変形して

$$\frac{dy}{dx} \cdot \frac{y}{x} = -1 \tag{7.16}$$

としよう。するとこの式は，円という図形がもつ，下記の重要な特徴を教えてくれている。

「円の接線は，中心と接点を結ぶ直線と，必ず直交する」 (7.17)

なぜ式 (7.16) から，これをいえるのだろうか？ まず式 (7.16) の左辺の dy/dx は，円の上にある点での接線の傾きを意味する。例えば，**図 7.2** で示した円の点 P(a, b) における接線 ℓ の傾きは，式 (7.15) より

$$\left.\frac{dy}{dx}\right|_{\mathrm{P}} = -\frac{a}{b} \tag{7.18}$$

である[†]。一方，式 (7.16) の左辺の y/x は，原点から伸びた直線の傾きを意味する (**図 7.3**)。例えば図 7.2 の線分 OP の傾きは，点 P の座標値を用いて b/a と書ける。これら二つの線の傾きをかけ合わせると

$$-\frac{a}{b} \cdot \frac{b}{a} = -1 \tag{7.19}$$

となる。二つの直線の傾きの積が -1 に等しいので，これら二つの線はたが

[†] ここで記号 $\left.\dfrac{dy}{dx}\right|_{\mathrm{P}}$ は，曲線 $y = f(x)$ の点 P における微分係数，という意味で用いた。

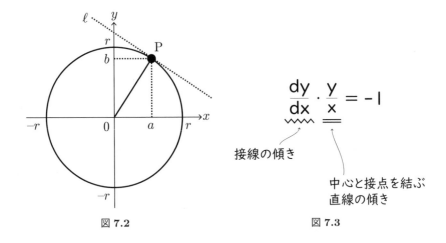

図 7.2   図 7.3

いに直交している。そしてこの結論は，a と b の値によらず[†](つまり点 P の位置によらず) 成り立つので，一般論として式 (7.17) で述べたことが成り立つのである。

すなわち式 (7.15) は，「円の接線は，円の中心を通る直線と常に直交する」という幾何学的な法則を教えてくれているのである。このように，陰関数の形のままで扱うほうが，式の意味をよりよく解釈できる場合もある。いつでも盲目的に，$y = [x \text{ の式}]$ の形に変形して微分しようとする必要はない。ケースバイケースなのである。

陰関数のまま微分したほうが，役に立つこともある。

ちなみに，陰関数をグラフで表すと，グラフ曲線が自分自身と交差してしまうなど，少し変わった曲線になることがある。こうしたグラフ曲線の接線の傾きを，微分で求める際には，注意が必要になる。以下ではそうした例を考えよう。

---

† ただし $a = 0$ または $b = 0$ となる点は除く。

例 **7.5**　式 (7.20) の陰関数のグラフ (図 **7.4**) の接線が水平となる点の座標を求めよ。

$$(x^2 + y^2)^2 = x^2 - y^2 \tag{7.20}$$

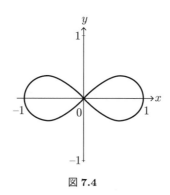

図 **7.4**

【解説】　式 (7.20) の両辺を x で微分すると

$$2(x^2 + y^2) \cdot (2x + 2yy') = 2x - 2yy' \tag{7.21}$$

これを y' について解くことを考える。以下，場合分けして考えよう。

1)　$y = 0$ のとき

このときは y' を含む項が式 (7.21) から消えてしまう。つまり y' の値を確定することができなくなる†ので，この場合は除外して考える。

2)　$y \neq 0$ のとき

式 (7.21) を y' について解くと

$$y' = \frac{x}{y} \cdot \frac{1 - 2(x^2 + y^2)}{1 + 2(x^2 + y^2)} \tag{7.22}$$

よって $y' = 0$ となる点は

---

†　図 7.4 からもわかるとおり，この関数のグラフは $y = 0$ の位置 (つまり原点) で自分自身と交差している。そのため，この位置での接線を定義することができないのである。

$$x = 0 \quad \text{または} \quad 1 - 2(x^2 + y^2) = 0 \tag{7.23}$$

のどちらか (または両方) を満たす。以下，それぞれのケースを順に考える。

2)-i)　まず $x = 0$ が成り立っていると仮定する。これを式 (7.20) に代入すると

$$y^4 = -y^2, \quad y^2(y^2 + 1) = 0 \tag{7.24}$$

より $y = 0$ を得る。しかしこの結果は，2) の冒頭で仮定した $y \neq 0$ と矛盾する。よってこの 2)-i) は不適。つまり求める答えは $x = 0$ ではありえない。

2)-ii)　つぎに $1 - 2(x^2 + y^2) = 0$ が満たされていると仮定する。これを変形して

$$x^2 + y^2 = \frac{1}{2} \tag{7.25}$$

よって求める点の座標は，式 (7.25) で表される円と，式 (7.20) で表される曲線の交点の座標である (図 **7.5**)。

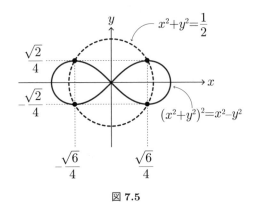

図 **7.5**

式 (7.25) を式 (7.20) に代入すると

$$\frac{1}{4} = x^2 - y^2 \tag{7.26}$$

さらに，式 (7.25) と式 (7.26) より y^2 を消去して

$$x^2 = \frac{3}{8} \quad \text{よって} \quad x = \pm\frac{\sqrt{6}}{4} \tag{7.27}$$

このとき

$$y^2 = x^2 - \frac{1}{4} = \frac{3}{8} - \frac{1}{4} = \frac{1}{8} \quad \text{よって} \quad y \pm\frac{\sqrt{2}}{4}$$

以上より，求める座標 (接線の傾きが 0 となる点の座標) は

$$\left(\pm\frac{\sqrt{6}}{4}, \pm\frac{\sqrt{2}}{4}\right) \quad \text{※ただし複号任意} \tag{7.28}$$

である。　　　　　　　　　　　　　　　　　　　　　　　　　◀

陰関数のグラフは，自分自身と交差することがある。

7.4　関数の最大最小

　計算問題は得意なのに，文章問題は苦手―そうした学生は多い。計算問題は，どんな計算方法を使ってなにを解くべきかが，始めから与えられている。一方，文章問題では，どんな記号や数式を当てはめるべきかを自分で考えなければならず，またどのような計算手法を使うべきかを迷いやすい[†]。本節と次節では，そうした文章問題の解き方に触れながら，微分計算の応用例を学習する。

　例 7.6　ある決まった長さの針金を折り曲げて，長方形をつくる。このとき，針金が囲む面積を最大にするには，針金をどのように曲げればよいか。

[†] しかし講義や演習の場を巣立って社会に出たとき，数多くの場面で要求されるのは，断然「文章問題を読み解く」類のスキルである。「解くべき問題点を整理」して「ふさわしい解法を決める」ことのできるスキルの重要性は，数学に限らず，どんな分野の仕事についてもいえることだろう。そして残念ながら，小中高の時代を通じて，訓練する機会の少ないスキルでもある。

【解説】　以下では，図 **7.6** に示すように針金の長さを L とし，これを折り曲げて得られる長方形の面積を S とする。さらに長方形の長辺を a，短辺を b とすると，題意より

$$L = 2a + 2b \tag{7.29}$$

$$S = ab \tag{7.30}$$

が成り立つ。

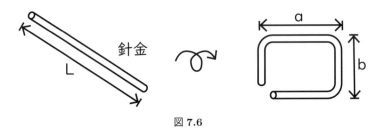

図 **7.6**

　式 (7.30) を見ると，S を大きくするためには，a と b の両方をひたすら大きくすればよいと思えるかもしれない。しかしいまの場合は，もう一つの式 (7.29) があるせいで，a と b の両方を自由に大きくすることができない。つまり，針金の長さ L は一定なので，a と b のどちらか片方を大きくすれば，もう片方は小さくせざるをえないのである。このように，二つ以上の変数が登場し，それらがたがいに関係しあうようなケースでは，なにを解くべきか迷子になってしまうことがある。

　ではどうすればよいか。条件式 (7.29) を使って，変数の数を減らせばよいのである。

条件式を使って，変数の数を減らす！

　例えば，式 (7.29) と式 (7.30) から b を消去して

$$S = \frac{a(L - 2a)}{2} \tag{7.31}$$

としよう。すると，残った変数は a だけなので，S はただ一つの変数 a だけに依存する。したがって，S を最も大きくするような a の値を求めればよい。こうして，もとの針金の問題は，関数 $S = f(a)$ の振る舞いを求める問題に置き換わった。

では，この S を最大にする a の値とは，どんな値だろうか？ まずおもな手掛かりとして，式 (7.31) の右辺における a^2 の係数が負であることに注意する。このことは，式 (7.31) が a-S 平面における上に凸の放物線に相当することを意味する (**図 7.7**) [†]。

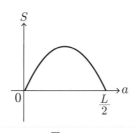

図 7.7

つぎに，この放物線と a 軸 (つまり横軸) との交点は，式 (7.31) から明らかなとおり $a = 0$ と $a = L/2$ である。

さらに図 7.6 から想像できるとおり，長方形の二つの長辺の長さの和 ($= 2a$) が，針金の全長 L を超えることはありえない。よって a の動ける範囲は $0 < a < L/2$ である。確かに図 7.7 を見ると，放物線はこの範囲で常に正の値をとり，図形の面積 S が正の値をとる (面積がマイナスになることはありえない) こととつじつまが合う。

変数の動ける範囲に注意!

[†] a^2 の係数の正負を見て，上向きの凸性を確認する必要があることに注意。もし $S = f(a)$ が下に凸の放物線を表すならば，$dS/da = 0$ に相当する点は S の極大値ではなく，極小値を与える。

以上をまとめると，面積 S が最大となるのは，$0 < a < L/2$ の範囲に位置するこの放物線の頂点，つまり $dS/da = 0$ を与える点だとわかる。そこで式 (7.31) の両辺を a で微分すると

$$\frac{dS}{da} = \frac{L - 4a}{2} \tag{7.32}$$

よって $dS/da = 0$ となるのは $a = L/4$ のときであり，このとき長方形の面積 S は最大値 $S = L^2/16$ となる。　　　　　　　　　　　◀

　ちなみに，四角形の辺の長さ a が $a = L/4$ のときは，式 (7.29) より $a = b$ となる。つまり針金で囲んだ長方形の面積が最大となるのは，四辺の長さがすべて等しい場合，すなわち正方形の場合にほかならない[†]。

　例 7.7　　円筒形で，容積がある一定値のワイン樽をつくりたい。ただし材料費を節約するため，樽の表面積 (側面＋上蓋＋底蓋) を最小にしたい。どのような形のワイン樽をつくればよいか。

【解説】　　図 7.8 に示すように円筒形の樽の底面の半径を r，高さを h とおくと，その容積 V は

$$V = \pi r^2 h \tag{7.33}$$

上フタ
下フタ
側面

図 7.8

[†]　このように，ある量が最大または最小となるときの条件を求めると，対称性のよい状態が解として求まることがよくある。

となる。題意より V は定数であり，r と h は式 (7.33) を満たす範囲でそれぞれ動く。また，樽の表面積 S は，樽の側面積と上下の底面積の和であるから

$$S = 2\pi rh + 2\pi r^2 \tag{7.34}$$

となる。以上より解くべき問題は，式 (7.33) の V を一定に保ちつつ，式 (7.34) の S を最小にするような，都合のよい r と h を求めることである。

この場合も，式 (7.33) を使って，二つある変数 (r と h) のうちの一つを減らすことを考えよう。例えば式 (7.33) と式 (7.34) から h を消去すると

$$S = 2\pi r \cdot \frac{V}{\pi r^2} + 2\pi r^2 \tag{7.35}$$

となり，S は r だけの関数として表せる。この関数のグラフを，横軸 r，縦軸 S の r-S 平面に描くと，図 **7.9** のような下に凸の曲線となる (4.6 節を参照)。また，樽の形を考えると，半径 r は 0 より大きいすべての実数をとりえることがわかる。よって求める答えを得るには，$dS/dr = 0$ に相当する点，すなわち S の極小値を与える r がわかればよい。

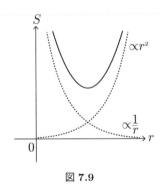

図 **7.9**

そこで式 (7.35) の両辺を r で微分すると

$$\frac{dS}{dr} = -\frac{2V}{r^2} + 4\pi r \tag{7.36}$$

これより S が極小となるのは，$dS/dr = 0$ を満たす r の値，すなわち

$$r^3 = \frac{V}{2\pi} \quad \text{つまり} \quad r = \sqrt[3]{\frac{V}{2\pi}} \tag{7.37}$$

である。これに対応する h の値は，式 (7.33) と式 (7.37) から V を消去して

$$h = 2r \tag{7.38}$$

と求まる。

　以上をまとめると，ワイン樽の高さをその底面の直径と等しくとれば，樽の表面積を最小にすることができる†。　　　　　　　　　　　　　　◀

例 7.8　ある真球に外接した円錐を考える。この円錐の体積をなるべく小さくするには，円錐の高さをどのようにすればよいか。

【解説】　　まず真球の半径を R とおこう。これは値の変わらない定数である。つぎに円錐の高さを h，円錐の底面の半径を r とおこう。この二つは，どちらも値が変化する変数である (図 **7.10**)。

　さて，円錐の体積 V は，二つの変数 h と r を用いて

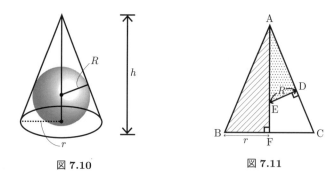

図 **7.10**　　　　　　　　　　　図 **7.11**

---

†　別の言い方をすると，樽を真横から見たときに，樽全体が正方形にみえるような形にすればよい。この場合も，やはり対称性のよい形が，最大最小問題の答えになっている。

$$V = \frac{1}{3}\pi r^2 h \tag{7.39}$$

と書くことができる。ここから変数を減らして，V を h だけの関数，または r だけの関数として表したい。そのためには，h と r を結び付ける条件式が必要である。

そこで，この円錐を真横から見たときにできる三角形 ABC に注目しよう（図 **7.11**）。この中に含まれる二つの小さな三角形 ABF と AED はたがいに相似なので

$$r : \sqrt{r^2 + h^2} = R : (h - R) \tag{7.40}$$

が成り立つ。これを変形して r^2 について解くと

$$r^2 = \frac{hR^2}{h - 2R} \tag{7.41}$$

これを式 (7.39) に代入して，体積 V の式から r を消去すると

$$V = \frac{\pi}{3}R^2 \cdot \frac{h^2}{h - 2R} = \frac{\pi R^2}{3}f(h) \tag{7.42}$$

を得る。ただし

$$f(h) = \frac{h^2}{h - 2R} \tag{7.43}$$

とおいた。この結果をもとに，円錐の体積が最小となる場合を探していこう。

まず，式 (7.42) の右辺の係数 $\pi R^2/3$ は定数なので，円錐の形をいくら変えても，その値は変わらない。よって求めるべきは，$f(h)$ が最も小さくなるような h の値である。

そこで，横軸を h，縦軸を $f(h)$ として，この関数のグラフを描いてみる。グラフの概形を見積もりやすくするために，$f(h)$ を式 (7.44) のように変形しよう。

$$f(h) = \frac{h^2}{h - 2R} = \frac{(h - 2R)^2 + 2 \cdot h \cdot 2R - 4R^2}{h - 2R}$$

$$= \frac{(h - 2R)^2 + 2 \cdot (h - 2R) \cdot 2R + 4R^2}{h - 2R}$$

$$= h + 2R + \frac{4R^2}{h - 2R} \tag{7.44}$$

このように $f(h)$ の式を変形すると, $y = f(h)$ のグラフは, 直線 $y = h + 2R$ と双曲線 $y = 4R^2/(h - 2R)$ の和で表せることがわかる. その概形を図 **7.12** に示す. あとは, 変数 h の動ける範囲を特定できれば, いつ $f(h)$ が最小となるかを求めることができる.

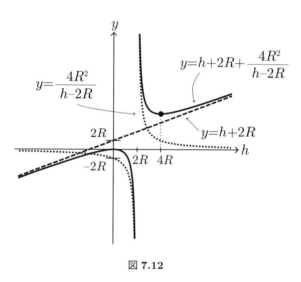

図 **7.12**

そこで, 図 7.10 の円錐に立ち戻って考えると, 円錐の高さ h が真球の直径 $2R$ より小さくなることはありえない. つまり h の動く範囲には, $h > 2R$ という制限が付く. これを踏まえて図 7.12 のグラフを見ると, $f(h)$ は $h > 2R$ において極小点をもつことがわかる. この極小点を求めるために, 式 (7.44) の最右辺を h で微分すると

$$\frac{df(h)}{dh} = 1 - \frac{4R^2}{(h-2R)^2} = \frac{h(h-4R)}{(h-2R)^2} \tag{7.45}$$

となり，$h = 4R$ で $df(h)/dh = 0$ となることがわかる。

以上より，求める円錐の高さは $4R$ である。言い換えると，円錐の体積を最小にするには，円錐の高さを，内接する真球の直径の 2 倍にすればよい。

◀

コーヒーブレイク

　数学で「錐体」といえば，円錐や三角錐などの，先端のとがった立体を意味する。一方，医学の分野で「錐体」といえば，眼球の奥の網膜に存在する細胞の一種を指す。この錐体細胞は，明るい場所で活発にはたらき，目に入ってきた光の「色」を識別する機能をもつ。ただし暗い場所では，この錐体細胞の機能が落ちてしまう。これが理由で，私たちは暗い場所でものを見ると，その色を判別しにくくなるのだ。

7.5　たがいに相関する変化率

　前節では，複数の変数や定数がたがいに相関する (独立ではない) 場合を考えた。本節では，ある量の変化が，別の量の変化と相関する場合を考えよう。

　例えば，図 **7.13** に示した直角三角形の高さ y が，時間 t とともに変化する場合を考える (図 **7.14**)。

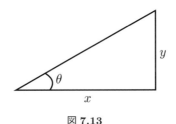

図 **7.13**

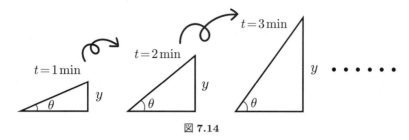

図 **7.14**

　　高さ y が変化すると，それに伴って角度 θ の値も変化する。すなわち，両者はともに時間 t の関数であり，式 (7.46) で結ばれる。

$$\frac{y(t)}{x} = \tan\theta(t) \tag{7.46}$$

この両辺を t で微分すると

$$\frac{1}{x} \cdot \frac{dy(t)}{dt} = \frac{1}{\cos^2\theta(t)} \cdot \frac{d\theta(t)}{dt} \tag{7.47}$$

となり，二つの変化率 dy/dt と $d\theta/dt$ が，たがいに相関する（つまりたがいに独立した値をとれない）ことがわかる。

　　さらに式 (7.46) からは，y の時間変化と θ の時間変化が，異なることもわかる。例えば θ が時間 t に比例して増えるとすると（図 **7.15**），定数 a を用いて

$$\frac{d\theta(t)}{dt} = a \quad (a > 0) \tag{7.48}$$

と表せる。一方，これを式 (7.47) に代入すると

$$\frac{dy(t)}{dt} = \frac{ax}{\cos^2(at)} \tag{7.49}$$

となり，y の増加率は t に比例しない。このように，片方の変化率を知ることで，もう片方の変化率が求まるケースを，以下で扱おう。

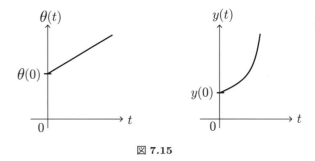

図 **7.15**

例 7.9　図 **7.16** に示すように，隕石が大気圏に突入し，各瞬間におい
て表面積に比例した割合で燃えていくとする。隕石の形は常に真球だと
仮定すると，その半径はどのような速さで減少するか。

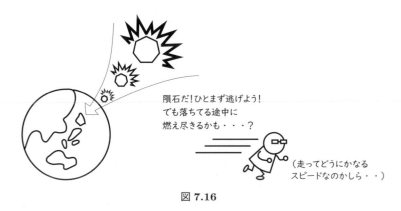

隕石だ！ひとまず逃げよう！
でも落ちてる途中に
燃え尽きるかも・・・？

（走ってどうにかなる
スピードなのかしら・・）

図 **7.16**

【解説】　時刻 t における隕石の体積 $V(t)$ は，その時刻における半径 $r(t)$ を
用いて

$$V(t) = \frac{4}{3}\pi r(t)^3 \tag{7.50}$$

と書ける。両辺を t で微分して

$$\frac{dV(t)}{dt} = 4\pi r(t)^2 \times \frac{dr(t)}{dt} \tag{7.51}$$

題意より，隕石の体積は表面積 $4\pi r^2$ に比例した割合で減少する。よって式 (7.51) の左辺は，ある定数 c を用いて

$$\frac{dV(t)}{dt} = -c \times 4\pi r(t)^2 \quad (\text{ただし } c > 0) \tag{7.52}$$

と表せる。これを式 (7.51) に代入すると

$$\frac{dr(t)}{dt} = -c \tag{7.53}$$

すなわち $r(t)$ は，一定の割合 c で時間とともに減少する。　　　　◀

例 7.10　2 台の自動車 A と B が，図 **7.17** のように直交する道路を西と北に向かって走っている。A は交差点から東に 5 km の地点にいて，時速 25 km で西向きに走っている。B は交差点から北に 12 km の地点にいて，時速 10 km で北向きに走っている。このとき，2 台の車は離れつつあるか，それとも近づきつつあるか。

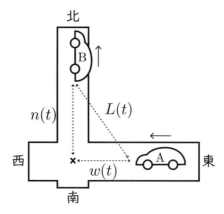

図 **7.17**　2 台の車 A と B の位置関係 (A は西 (左) に向かって走り，B は北 (上) に向かって走る)

【解説】　以下では時間を t とおき，北に進む車 B の交差点からの距離を $n(t)$ とする。同様に，西に進む車 A の交差点からの距離を $w(t)$ とし，2 台の車の間の直線距離を $L(t)$ で表す。すると三平方の定理より

$$L^2(t) = n^2(t) + w^2(t) \tag{7.54}$$

が成り立つ。

　私たちが知りたいのは，設定された時刻 $t = t_0$ における $L(t)$ の変化率 dL/dt の正負である。そこでまず，この特定の時刻 $t = t_0$ では

$$w(t_0) = 5, \quad \frac{dw}{dt}\Big|_{t=t_0} = -25 \tag{7.55}$$

であることに注意しよう†。同様に

$$n(t_0) = 12, \quad \frac{dn}{dt}\Big|_{t=t_0} = +10 \tag{7.56}$$

である。さらに，式 (7.54) の両辺を t で微分すると，任意の時刻 t において

$$2L(t)\frac{dL}{dt} = 2n(t)\frac{dn}{dt} + 2w(t)\frac{dw}{dt} \tag{7.57}$$

となる。

　式 (7.57) を用いると，特定の時刻 $t = t_0$ における dL/dt は

$$\frac{dL}{dt}\Big|_{t=t_0} = \frac{1}{L(t_0)}\left\{ n(t_0)\frac{dn}{dt}\Big|_{t=t_0} + w(t_0)\frac{dw}{dt}\Big|_{t=t_0} \right\}$$

$$= \frac{1}{13}\left\{ 12 \times 10 + 5 \times (-25) \right\} = -\frac{5}{13} < 0 \tag{7.58}$$

と求まる。$t = t_0$ において dL/dt が負であることから，この瞬間には，2 台の車の直線距離 L は減少しつつあることがわかる。　　　　◀

章　末　問　題

【1】　対数微分法を用いて，つぎの関数の導関数 y' を求めよ。

---

†　車が西へ進むと距離 w が減少するので，dw/dt は負となる。

(1)　$y = 3^x$　　　　(2)　$y = x(x+1)(x+2)(x+3)$

(3)　$y = \dfrac{(x-1)(x-2)}{(x+1)(x+2)}$　　　　(4)　$y = \dfrac{(x^2+1)e^{x^2}}{x^3}$

(5)　$y = x^{\sqrt{x}}$ (ただし $x > 0$)　　　(6)　$y = x^{(x^2)}$ (ただし $x > 0$)

(7)　$y = e^{x+1}(x+1)\sqrt{x+1}$　　　(8)　$y = x^{\cos x}$ $(x > 0)$

(9)　$y = (\sin x)^x$ $(0 < x < \pi)$　　　(10)　$y = x^{\log x}$

(11)　$y = (\log x)^x$

【2】　(1)　$f(x) = \sqrt[x]{x}$ の導関数 $f'(x)$ を求めよ。

(2)　$x > e$ における $f'(x)$ の符号を求めよ。

(3)　(2) の結果を用いて，つぎの不等式を証明せよ。

$$\sqrt[3]{3} > \sqrt[4]{4} > \sqrt[5]{5} > \cdots > \sqrt[n]{n} > \cdots$$

【3】　陰関数 $(1/x^3) - (1/y^2) + xy - 1 = 0$ で表される曲線について, 点 $(x, y) = (1, 1)$ における接線の傾き dy/dx を求めよ。

【4】　陰関数 $y^2 = x^2(x+1)$ で表される曲線[†]について，つぎの問いに答えなさい。

(1)　$dy/dx = 0$ となる点を求めなさい。

(2)　曲線の概形を x-y 平面上に描きなさい。

【5】　陰関数 $(x^2 + y^2)^2 = 2xy$ で表される曲線について，接線の傾きが水平になる点の座標 (a, b) を求めなさい (ただし $a \neq 0, b \neq 0$ とする)。

【6】　(1)　直線 $y = x$ 上の点で，点 $(3, 0)$ に最も近いものを求めよ。

(2)　曲線 $y = x^2$ 上の点で，点 $(3, 0)$ に最も近いものを求めよ。

【7】　アステロイド曲線と呼ばれる閉曲線 $x^{2/3} + y^{2/3} = a^{2/3}$ を考える (図 **7.18**)。この曲線の接線が x 軸と y 軸によって切りとられる部分の長さは，接線の選び方によらず一定であることを示せ。

[†]　この曲線はチルンハウゼンの三次曲線と呼ばれる。

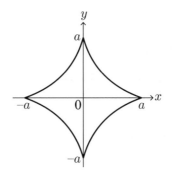

図 **7.18** アステロイド曲線

【 8 】 和が 1 となる二つの非負の実数を考える。
  (1) それぞれの 2 乗の和が最小となるのは，どんなときか。
  (2) 逆に，最大となるのはどんなときか。

【 9 】 (1) 1/2 より大きく，3/2 より小さい実数のうちで，その数とその逆数の和が最も小さくなるものを求めよ。
  (2) 逆に，上記の和が最も大きくなるものを求めよ。

【10】 (1) ある長方形の厚紙の四隅から，同じ大きさの正方形を切り取る。その後，厚紙を図 **7.19** のように折り曲げて，空き箱をつくりたい。箱の容積をできるだけ大きくするには，切り取る正方形をどのような大きさにすればよいか。

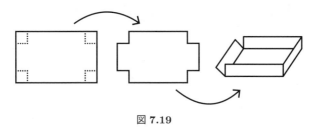

図 **7.19**

  (2) 特に，縦が 14 cm，横が 30 cm の厚紙の場合について，上述の正方形の辺の長さを特定せよ。

【11】 (1) 図 **7.20** のような廊下の曲がり角を通って, 鉄パイプを水平に運びたい。
このとき, 曲がり角でつっかえずに運ぶことのできる鉄パイプの最大の
長さは, どれだけか (ただし, パイプの太さは無視してよい)。

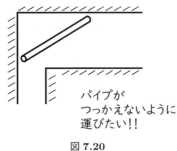

図 7.20

(2) 細い廊下の横幅が 1 m, 広い廊下の横幅が 8 m のとき, (1) で求めた鉄パ
イプの最大の長さは何 m になるか。

【12】 垂直な壁に, 高さ 5 m のはしごを立てかけたところ, はしごの下端が一定の
速さ 1 m/s で横にすべり始めた (図 **7.21**)。

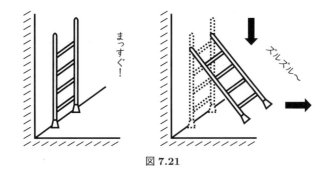

図 7.21

(1) 下端が壁から 3 m 離れた瞬間において, はしごの上端はどんな速さで下
向きに滑り落ちているか。

(2) 上記の瞬間, はしごと地面のなす角は, どんな速さで減っているか。

【13】 半径 r の半円に内接する長方形を考える (図 **7.22**)。この面積の最大値を求
めよ。

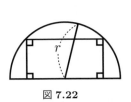

図 **7.22**

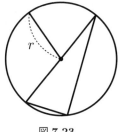

図 **7.23**

【14】 半径 r の円に内接し，ある一辺が円の中心を通る三角形 (図 **7.23**) のうちで，面積が最大となるものを求めよ。

【15】 図 **7.24** に示すように半径 r の円に内接する正 n 角形を考える (ただし $n \geqq 3$)。この正 n 角形の面積は，n が増えるにつれて，どんどん増えることを証明せよ。

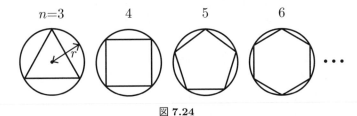

図 **7.24**

【16】 点 A と点 B が，それぞれ直線 ℓ から a, b だけ離れた場所にあるとする (図 **7.25**)。ℓ 上の点 P を介して，この 2 点を結ぶ折れ線 APB を考える。この折れ線の長さを最小にする点 P の場所を求めよ。

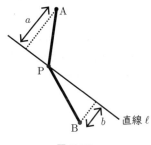

図 **7.25**

【17】 部屋数が 100 室，ひと部屋あたりの料金が 3 000 円のホテルがある。この料金設定だと連日満室になるが，200 円値上げするごとに空き部屋が一つずつ増えてしまう。ホテルが最大の収入を得るには，料金をいくらに設定すればよいか。

【18】 直径が 10 cm の円筒に，毎秒 5 cm^3 の割合で水を注ぎ込む。このとき水面の高さはどのくらいの速さで上昇するか，計算しなさい。

【19】 理想的な真球形の氷の球が，毎分 10 cm^3 の割合で溶けつつある。この氷の球の半径が 2 cm になった瞬間における，半径の変化速度を求めよ。

コーヒーブレイク

　かき氷，かちわり氷，スケートリンク……。氷は私たちになじみ深い物質である。ただし，その科学的な性質は，まだまだ多くの謎に包まれている。

　氷と聞けば，普通は冷蔵庫で冷やした，カチカチの冷たい氷を想像するであろう。しかし氷のもともとの定義は「水を冷やしたもの」ではなく，「水が固体になったもの」である。つまり，水分子どうしが自由に動けなくなった状態を，氷と呼ぶのだ。そしてこの状態を実現するには，冷やすかわりに，高い圧力をかけて分子の動きを抑制してもよい。そうした高圧下 (およそ 1 万気圧以上！) では，なんと「冷たくない氷」ができあがるのだ。

　話はまだ終わらない。高い圧力を加えてできた氷には，なんと 17 種類もの異なる種類の氷が存在することがわかっている。17 種類のそれぞれは，水分子の並び方 (結晶構造) が異なるのだ。このように，化学組成が同じでも，異なる結晶構造を示すものを「多形」と呼ぶ。例えば黒鉛とダイヤモンドは，どちらも炭素からできているが，結晶構造が異なるので多形である。こうした多形が，氷の場合は極端に多く存在するのだ。そんな物質は氷以外には見つかっていない。氷や水が，いかに異常な物質であるかを物語っているといえよう。

　生命の源である水。私たちにとって，いちばん身近な物質である水と氷。でもそれは同時に，この世で最も異常で，謎に満ちた物質でもあるのだ。

第8章　関数の展開

　関数の展開とは，与えられた関数を多項式 (例えば $x^2 + x + 3$ など) で近似する方法である。この手法を用いると，関数にまつわるいろいろな計算 (微分・積分・極限など) がとても楽になる。ただし，どんな x の範囲でこの近似が成り立つか，その範囲に注目することも大事である。

8.1　関数を展開するとはどういうことか

　微分の大事な応用法の一つに，関数の展開がある[†1]。これは，複雑で扱いにくい関数を，単純な多項式の形に近似する方法である。

　例えば，式 (8.1) のような関数を考えてみよう。

$$f(x) = \frac{e^{-x^3} \arctan x}{x\sqrt{1+x^2}} \tag{8.1}$$

この関数は，式の形が非常に入り組んでいる。しかし，関数の展開という手法を用いれば，この関数は式 (8.2) のような x の多項式で近似的に表すことができる[†2]。

$$f(x) \simeq 1 - \frac{5}{6}x^2 - x^3 \quad (\text{ただし } -1 \ll x \ll 1) \tag{8.2}$$

[†1]　厳密にいうと，関数を展開する手法にはいくつか種類がある (フーリエ展開，ローラン展開など)。本章では，最も基本的な手法 (マクローリン展開とテイラー展開) だけに話題をしぼる。

[†2]　式 (8.2) で用いた記号 $\simeq$ は，「ほぼ等しい」の意味。同じ意味で $\cong$ や $\sim$ などの記号も使われる。

　図 **8.1** には，式 (8.1) と式 (8.2) の両方のグラフを示した。確かに x の絶対値が十分小さい範囲では ($-0.2 < x < 0.2$ くらいの範囲では)，二つの曲線がほぼ一致していることがわかる[†]。

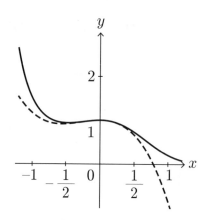

図 8.1　実線は式 (8.1)，破線は式 (8.2) のグラフ

　では，関数を多項式で近似するメリットはなにか？ ざっくりいうと，そのほうが計算が簡単になるのである。多項式は，微分するのも積分するのも簡単だし，グラフの形もイメージしやすい。例えば

$$\frac{d}{dx}\left(\frac{e^{-x^3}\arctan x}{x\sqrt{1+x^2}}\right) \tag{8.3}$$

を計算するのは大変だが

$$\frac{d}{dx}\left(1 - \frac{5}{6}x^2 - x^3\right) \tag{8.4}$$

を計算するのは楽であろう。このように，もし与えられた関数を多項式の形に近似する手法があれば，計算の便宜上とても役に立つ。

関数を多項式で近似できると，計算が楽になる!

[†]　ただし図 8.1 からもわかるとおり，この近似式は $x = 0$ の近くの限られた範囲でしか成り立たない。この範囲の外にある x において，もとの $f(x)$ を多項式で近似するには，式 (8.2) とは異なる多項式を用いる必要がある。この話題については，8.5 節を参照のこと。

例 **8.1**

(1)　式 (8.5) の関数 $f(x)$ と多項式 $p(x)$ は†, $x = 0$ の近くで, たがいにほぼ等しい (図 **8.2**)。

$$f(x) = \frac{(x+1)\sinh x}{\sin x}, \quad p(x) = 1 + x + \frac{x^2}{3} + \frac{x^3}{3} \tag{8.5}$$

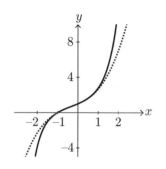 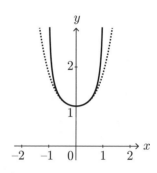

図 **8.2**　実線は $f(x)$, 点線は $p(x)$ のグラフ　　図 **8.3**　実線は $f(x)$, 点線は $p(x)$ のグラフ

(2)　式 (8.6) の関数 $f(x)$ と多項式 $p(x)$ も, $x = 0$ の近くでは, ほぼ等しい (図 **8.3**)。

$$f(x) = \frac{-\log(1-x^2)}{x^2}, \quad p(x) = 1 + \frac{x^2}{2} + \frac{x^4}{3} \tag{8.6}$$

　では, ある与えられた関数 $f(x)$ を, 近似的に x の多項式の形で置き換えるためには, どうすればよいだろうか？

　結論からいうと, その $f(x)$ と, n 次の多項式

---

†　ちなみに, 多項式は英語で polynomial と呼ぶ。その頭文字 p をとって, ここでは記号 $p(x)$ で多項式を表現した。

$$c_0 + c_1 x + c_2 x^2 + \cdots + c_n x^n \tag{8.7}$$

がほぼ一致するよう，係数 $c_0, c_1, \cdots, c_n$ の値を選んでやればよい。さらに先回りして正解をいうと，与えられた関数 $f(x)$ とその導関数 $f'(x), f''(x)\cdots$ などを用いて，それぞれの係数を

$$c_0 = \frac{f(0)}{0!}, \quad c_1 = \frac{f'(0)}{1!}, \quad c_2 = \frac{f''(0)}{2!}, \quad \cdots \tag{8.8}$$

としてあげればよい。すると，もとの関数 $f(x)$ は，式 (8.9) のような n 次の多項式で近似できるのだ[†]。

$$f(x) = \frac{f(0)}{0!} + \frac{f'(0)}{1!}x + \frac{f''(0)}{2!}x^2 + \cdots + \frac{f^{(n)}(0)}{n!}x^n \tag{8.9}$$

つまり，与えられた関数 $f(x)$ の微分係数 $f^{(k)}(0)$ さえわかれば，x^k の項の係数 c_k が求まるのである。

x=0 の近くでは，関数 f(x) は

多項式 $\displaystyle\sum_{k=0}^{n} \frac{f^{(k)}(0)}{k!}x^k$ とほぼ等しい。

次節以降では，式 (8.9) が成り立つ理由を，順を追って説明していこう。

8.2　関数を 1 次式で近似する

まずは議論の準備として，与えられた関数 $f(x)$ を x の 1 次式で近似する方法を考えよう。そのためには，$y = f(x)$ のグラフの $x = 0$ における接線の式に注目すればよい (図 **8.4**)。

[†]　式 (8.9) の右辺で用いた記号 $f^{(n)}(0)$ は，$f(x)$ を n 回微分して得られる導関数 $f^{(n)}(x)$ に，$x = 0$ を代入して得られる値を意味する。$x = 0$ における $f(x)$ の n 階微分係数，ともいう。

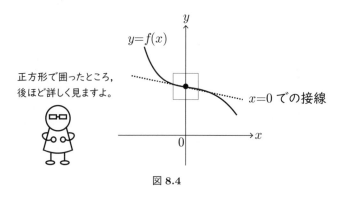

図 **8.4**

図 8.4 からわかるとおり，一般に $y = f(x)$ のグラフの $x = 0$ における接線は

$$y = f(0) + f'(0)x \tag{8.10}$$

と書ける。式 (8.10) をパッと求めるには，いま考えている直線 ($x = 0$ における接線) の y 切片と傾きに注目すればよい。

まず図 8.4 に示した接線の y 切片 (つまり，接線と y 軸の交点の y 座標) は，明らかに $f(0)$ である。つぎに，この y 切片における接線の傾きは，明らかに $f'(0)$ (つまり導関数 $f'(x)$ に $x = 0$ を代入して得られる値) である。よってこの接線は，点 $(x, y) = (0, f(0))$ を通る傾き $f'(0)$ の直線なので，式 (8.10) の形になるのである†。このとき，式 (8.10) の形が，$x = 0$ における情報だけ (つまり $f(0)$ と $f'(0)$ だけ) で決まっている点に注意しておこう。

さて，直線 (8.10) が $x = 0$ において曲線 $y = f(x)$ に接するならば，$x = 0$ の十分近くで，直線 (8.10) と曲線 $y = f(x)$ はたがいに重なり合い，ほとんど見分けがつかないはずである (図 **8.5**)。

---

† 一般に，ある直線を $y = [x$ の式] の形で表現するためには，その直線の傾きと y 切片がわかればよい。

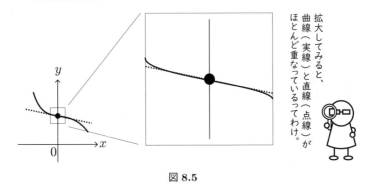

図 8.5

つまり，$x = 0$ の周りでは，関数 $f(x)$ を 1 次の多項式 $f(0) + f'(0)x$ で近似[†1]できる。この状況を，つぎのような言い回しで表現しよう。

> x=0 の周りでは，関数 f(x) を 1 次の多項式
> p(x)=f(0)+ f′(0)xで近似できる。

上とまったく同じことを，つぎのように言い換えることもできる。もし，1 次の多項式

$$p(x) = c_0 + c_1 x \tag{8.11}$$

の値と，ある関数 $f(x)$ の値を，($x = 0$ の十分近くにおいて) ほぼ一致させたいならば，多項式の係数 c_0 と c_1 の値を

$$c_0 = f(0), \quad c_1 = f'(0) \tag{8.12}$$

と設定すればよいのだ[†2]。

[†1] 近似とは，数値が非常に似通っていることを指す科学用語である。

[†2] 式 (8.12) に示したうちの前者は，1 次の多項式が表す直線の y 切片の値を，$x = 0$ における関数 $f(x)$ の値に一致させることを意味している。また後者は，その直線の傾きを，$x = 0$ における関数 $f(x)$ の接線の傾きに一致させることを意味している。図 8.5 を振り返れば，その意味は明らかであろう。

　重要な点は，こうした近似を成り立たせる係数 c_0 や c_1 の値が，もとの関数 $f(x)$ やその導関数 $f'(x)$ で決まる，という点である。じつはこれと同じことが，次節以降の議論でも繰り返されるのである。

8.3　関数を2次式で近似する

　さて，前節では，関数 $f(x)$ を1次の多項式 $c_0 + c_1 x$ で近似できた。このとき，係数 c_0 と c_1 は，もとの関数 $f(x)$ とその導関数 $f'(x)$ を用いて

$$c_0 = f(0), \quad c_1 = f'(0)$$

と設定してあげればよかった。

　しかしこの近似の精度は，x が0から離れるに従い徐々に悪くなる。これに対処する一つの方法は，多項式の次数を上げて，2次の多項式

$$p(x) = c_0 + c_1 x + c_2 x^2 \tag{8.13}$$

で $f(x)$ を近似するという方法である。具体的には，式 (8.13) の $p(x)$ が

$$p(0) = f(0), \quad p'(0) = f'(0), \quad p''(0) = f''(0) \tag{8.14}$$

という三つの条件を満たすように，係数 c_0, c_1, c_2 の値を選んでやればよい。式 (8.13) から明らかに

$$p(x) = c_0 + c_1 x + c_2 x^2 \quad \Rightarrow \quad p(0) = c_0 \tag{8.15}$$

$$p'(x) = c_1 + 2c_2 x \quad \Rightarrow \quad p'(0) = c_1 \tag{8.16}$$

$$p''(x) = 2c_2 \quad \Rightarrow \quad p''(0) = 2c_2 \tag{8.17}$$

なので，条件 (8.14) を満たすには，係数 c_0, c_1, c_2 を

$$c_0 = f(0), \quad c_1 = f'(0), \quad c_2 = \frac{f''(0)}{2} \tag{8.18}$$

と設定すればよい。

　以上より，$x = 0$ 近くにおける $f(x)$ の2次の近似多項式は

$$p(x) = f(0) + f'(0)x + \frac{f''(0)}{2}x^2 \tag{8.19}$$

と表せることがわかった。

x=0 の周りでは，関数 f(x) を 2 次の多項式

p(x)=f(0) + f'(0)x + $\dfrac{f''(0)}{2}$ x² で近似できる。

例 **8.2**　関数 $f(x) = e^x$ を，$x = 0$ の周りで，2 次の多項式で近似せよ。

【解説】　　与えられた関数 $f(x)$ から，$f(0)$ の値と，二つの微分係数 $f'(0)$ と $f''(0)$ の値を求めてやればよい。

$$まず \quad f(x) = e^x \quad なので \quad f(0) = e^0 = 1 \tag{8.20}$$

$$つぎに \quad f'(x) = e^x \quad なので \quad f'(0) = e^0 = 1 \tag{8.21}$$

$$さらに \quad f''(x) = e^x \quad なので \quad f''(0) = e^0 = 1 \tag{8.22}$$

以上より，求める 2 次の近似多項式 $p(x)$ は

$$p(x) = f(0) + f'(0)x + \frac{f''(0)}{2}x^2 = 1 + x + \frac{x^2}{2} \tag{8.23}$$

である (図 **8.6**)。

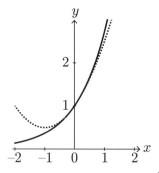

図 **8.6**　実線は $y = e^x$, 点線は $y = 1 + x + \dfrac{x^2}{2}$ のグラフ

例 8.3 関数 $f(x) = \cos x$ を, $x = 0$ の周りで, 2次の多項式で近似せよ。

【解説】 先ほどの例と同様に, $f(0), f'(0), f''(0)$ の値を求めてやればよい。

$$\text{まず} \quad f(x) = \cos x \quad \text{なので} \quad f(0) = \cos 0 = 1 \tag{8.24}$$

$$\text{つぎに} \quad f'(x) = -\sin x \quad \text{なので} \quad f'(0) = \sin 0 = 0 \tag{8.25}$$

$$\text{さらに} \quad f''(x) = -\cos x \quad \text{なので} \quad f''(0) = -\cos 0 = -1 \tag{8.26}$$

以上より, 求める 2次の近似多項式 $p(x)$ は

$$p(x) = f(0) + f'(0)x + \frac{f''(0)}{2}x^2 \ = 1 - \frac{x^2}{2} \tag{8.27}$$

である (図 **8.7**)。

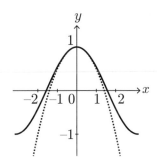

図 8.7 実線は $y = \cos x$, 点線は $y = 1 - \dfrac{x^2}{2}$ のグラフ

◀

8.4 関数を多項式で近似する

前節までの議論では, 与えられた関数 $f(x)$ を 1 次および 2 次の多項式で近似した。さらに近似の精度を上げるには, ここまでの議論を自然に拡張すればよい。つまり, $x = 0$ の近くで $f(x)$ が n 次の多項式

$$p(x) = c_0 + c_1 x + c_2 x^2 + c_3 x^3 + \cdots + c_n x^n \tag{8.28}$$

とほぼ一致するためには, 以下の条件を満たすように, 係数 $\{c_i\}(i = 0, 1, 2, \cdots,$ $n)$ を設定してやればよい。

$$c_0 = f(0), \quad c_1 = f'(0), \quad c_2 = \frac{f''(0)}{2!},$$
$$c_3 = \frac{f'''(0)}{3!}, \quad \cdots\cdots, \quad c_n = \frac{f^{(n)}(0)}{n!} \tag{8.29}$$

なぜなら, $f(x)$ と $p(x)$ が $x = 0$ の近くでほぼ一致するためには

$$p(0) = f(0), \quad p'(0) = f'(0), \quad p''(0) = f''(0),$$
$$p'''(0) = f'''(0), \quad \cdots\cdots, \quad p^{(n)}(0) = f^{(n)}(0) \tag{8.30}$$

が満たされればよいからである。式 (8.28) より

$$
\begin{aligned}
p'(x) &= c_1 + 2c_2 x + 3c_3 x^2 + \cdots + nc_n x^{n-1} \\
p''(x) &= 2c_2 + 3\times 2c_3 x + \cdots + n\times(n-1)c_n x^{n-2} \\
p'''(x) &= 3\times 2\times 1\times c_3 + \cdots + n\times(n-1)\times(n-2)c_n x^{n-3} \\
&\vdots \\
p^{(n)}(x) &= n\times(n-1)\times(n-2)\times\cdots\times 3\times 2\times 1\times c_n
\end{aligned}
\tag{8.31}
$$

これらの結果に $x = 0$ を代入すると [†]

$$p(0) = c_0, \quad p'(0) = c_1, \quad p''(0) = 2c_2'',$$
$$p'''(0) = 3\times 2\times 1\times c_3 = 3!c_3$$
$$\vdots$$
$$p^{(n)}(0) = n\times(n-1)\times(n-2)\times\cdots\times 3\times 2\times 1\times c_n = n!c_n \tag{8.32}$$

よって, 条件 (8.30) を満たす係数 $\{c_i\}$ $(i = 0, 1, 2, \cdots, n)$ は

[†] 式 (8.32) で用いた記号 $p^{(n)}(0)$ は, $p(x)$ を n 回微分して得られる関数 $p^{(n)}(x)$ に, $x = 0$ を代入して得られる値を意味する。

$$c_0 = f(0), \quad c_1 = f'(0), \quad c_2 = \frac{f''(0)}{2!}, \quad c_3 = \frac{f'''(0)}{3!},$$

$$\cdots\cdots, \quad c_n = \frac{f^{(n)}(0)}{n!} \tag{8.33}$$

となる。こうして，$f(x)$ に対する n 次の近似多項式 $p(x)$ は

$$p(x) = f(0) + f'(0)x + \frac{f''(0)}{2!}x^2 + \frac{f^{(3)}(0)}{3!}x^3 + \cdots + \frac{f^{(n)}(0)}{n!}x^n \tag{8.34}$$

と求まる。和の記号 $\sum$ を用いると，つぎのようにコンパクトな形でも表せる [†]。

$$p(x) = \sum_{k=0}^{n} \frac{f^{(k)}(0)}{k!}x^k \tag{8.35}$$

ここで得た n 次の近似多項式 (8.34) および式 (8.35) を，$x = 0$ の近くにおける関数 $f(x)$ の n 次の近似多項式と呼ぶ。

> x=0 の周りでは，関数 f(x) を n 次の多項式
> $$\sum_{k=0}^{n} \frac{f^{(k)}(0)}{k!}x^k \text{ で近似できる。}$$

例 8.4 $f(x) = 1/(1-x)$ について，$x = 0$ の近くで成り立つ n 次の近似多項式を求めよ。

【解説】　この場合，$f(0) = 1$ かつ

$$f'(x) = \frac{-1}{(1-x)^2} \cdot (1-x)' = \frac{1}{(1-x)^2} \quad \text{より} \quad f'(0) = 1 \tag{8.36}$$

$$f''(x) = \frac{-2}{(1-x)^3} \cdot (1-x)' = \frac{2!}{(1-x)^3} \quad \text{より} \quad f''(0) = 2! \tag{8.37}$$

[†] 式 (8.35) では，$0! = 1$ を用いたことに注意。

$$f'''(x) = \frac{-3 \cdot 2!}{(1-x)^4} \cdot (1-x)' = \frac{3!}{(1-x)^4} \quad \text{より} \quad f'''(0) = 3! \quad (8.38)$$

$$\vdots$$

$$f^{(n)}(x) = \frac{-n \cdot (n-1)!}{(1-x)^{n+1}} \cdot (1-x)'$$

$$= \frac{n!}{(1-x)^{n+1}} \quad \text{より} \quad f^{(n)}(0) = n! \quad (8.39)$$

これらの結果を用いると, $f(x)$ は $x = 0$ の周りで

$$f(x) = 1 + \frac{1}{1!}x + \frac{2!}{2!}x^2 + \frac{3!}{3!}x^3 + \cdots + \frac{n!}{n!}x^n$$

$$= 1 + x + x^2 + x^3 + \cdots + x^n \quad (8.40)$$

と展開できる。これが求めるべき n 次の近似多項式である (図 **8.8**)。

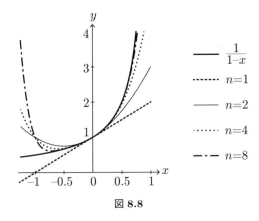

図 **8.8**

◀

8.5　マクローリン展開とテイラー展開

ここまでの議論で, ある関数 $f(x)$ の $x = 0$ 近くにおける振る舞いは, 式 (8.41) のような n 次の多項式 $p_n(x)$ で近似できることがわかった。

$$p_n(x) = f(0) + \frac{f'(0)}{1!}x + \frac{f''(0)}{2!}x^2 + \frac{f^{(3)}(0)}{3!}x^3 + \cdots + \frac{f^{(n)}(0)}{n!}x^n$$

$$(8.41)$$

式 (8.41) の右辺は，$f(x)$ に対する n 次のマクローリン展開†と呼ばれる。少し違う名前で，マクローリン多項式とか，マクローリン級数展開と呼ばれることもある。

注意すべき点は，この多項式による $f(x)$ の近似が，$x = 0$ の近くでしか使えないことである。つまり，x の値が $x = 0$ から離れれば離れるほど，マクローリン展開で求まる値は，もとの $f(x)$ の値から大きく逸脱する。その逸脱度合いをグラフで示したのが，　図 **8.9** である。

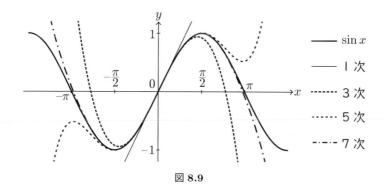

図 **8.9**

図 8.9 には，$f(x) = \sin x$ に対する 1 次，3 次，5 次，7 次のマクローリン展開のグラフが描かれている。展開の次数をより高くすればするほど，より広い x の範囲で，近似の精度が高く保たれる (つまり，もとの関数のグラフと多項式のグラフがほぼ重なって見える) ことがわかるだろう。

では，こうした関数の展開という考え方は，$x = 0$ の近くでしか通用しないのだろうか？

---

†　この呼び名は，18 世紀の数学者，コリン・マクローリン (Colin Maclaurin) に由来する。マクローリンは若いころ，当時高齢だった物理学者のアイザック・ニュートンと一緒に，ロンドンで研究していたことがある。

いや，そうではない。$x = 0$ の周りで成り立つ近似式 (8.41) を導出するまでの議論を，自然に拡張すると，「$x = x_0 (\neq 0)$ の周り」で成り立つ近似式を導出できる。つまり，$x = 0$ だけに限らず，より一般的な x の位置に対応できる近似多項式を導出できるのである。

例えば，ある関数 $f(x)$ について，その $x = x_0$ 近くにおける振る舞いを多項式で近似したいとしよう。この場合は，$x = x_0$ の近くにおいて，$f(x)$ の値と式 (8.42) の多項式の値がほぼ一致するように，係数 $\{c_i\}$ $(i = 0, 1, 2, \cdots n)$ を選んでやればよい。

$$p_n(x) = c_0 + c_1(x - x_0) + c_2(x - x_0)^2 + \cdots + c_n(x - x_0)^n \quad (8.42)$$

そして，この多項式を使って前節と同様の議論を行うと，つぎのような結論を得る。

「$x = x_0$ の近くでは，下記の式 (8.43) の n 次多項式 $p_n(x)$ が，
$f(x)$ とほぼ一致する。」

$$p_n(x) = f(x_0) + f'(x_0)(x - x_0) + \frac{f''(x_0)}{2!}(x - x_0)^2$$

$$+ \frac{f^{(3)}(x_0)}{3!}(x - x_0)^3 + \cdots + \frac{f^{(n)}(x_0)}{n!}(x - x_0)^n \qquad (8.43)$$

この式 (8.43) で表された n 次の多項式 $p_n(x)$ を，関数 $f(x)$ の $x = x_0$ の周りでの n 次テイラー展開と呼ぶ。

マクローリン展開 (8.41) とテイラー展開 (8.43) をよく見比べると，確かに後者が前者の自然な拡張となっていることが感じられるであろう。事実，マクローリン展開とは，より一般的な概念であるテイラー展開の特殊バージョンにほかならない。いわば，テイラー展開で特に $x_0 = 0$ と設定したときが，マクローリン展開に相当するのである。

テイラー展開はx＝x₀周りでの近似

マクローリン展開はx＝0周りでの近似

例 **8.5** $f(x) = \log x$ を，$x = 2$ の周りでテイラー展開せよ (ただし x について 3 次まで展開せよ)。

【解説】 題意より，$f(2) = \log 2$ かつ

$$f'(x) = \frac{1}{x} \quad \text{より} \quad f'(2) = \frac{1}{2} \tag{8.44}$$

$$f''(x) = -\frac{1}{x^2} \quad \text{より} \quad f''(2) = -\frac{1}{4} \tag{8.45}$$

$$f'''(x) = \frac{2}{x^3} \quad \text{より} \quad f'''(2) = \frac{1}{4} \tag{8.46}$$

これらの結果を用いると，$f(x)$ は $x = 2$ の周りで

$$f(x) = f(2) + f'(2)(x - 2) + \frac{f''(2)}{2!}(x - 2)^2 + \frac{f'''(2)}{3!}(x - 2)^3$$

$$= \log 2 + \frac{1}{2}(x - 2) - \frac{1}{8}(x - 2)^2 + \frac{1}{24}(x - 2)^3 \tag{8.47}$$

と展開できる [†](図 **8.10**)。

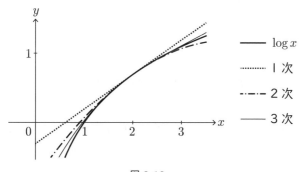

図 **8.10**

◀

[†] ちなみに，テイラー展開を 1 次で留めたときに得られる式 $\log 2 + (x - 2)/2$ は，もとの関数 $f(x) = \log x$ の $x = 2$ における接線の式に等しい。

例 8.6　$f(x) = 1/x$ を，$x = 1$ の周りで3次までの精度でテイラー展開せよ。

【解説】　例 8.5 と同様の計算を行う。題意より，$f(1) = 1$ かつ

$$f'(x) = -\frac{1}{x^2} \ \text{より} \ f'(1) = -1 \tag{8.48}$$

$$f''(x) = \frac{2}{x^3} \ \text{より} \ f''(1) = 2 \ (= 2 \times 1) \tag{8.49}$$

$$f'''(x) = -\frac{6}{x^4} \ \text{より} \ f'''(1) = -6 \ (= -3 \times 2 \times 1) \tag{8.50}$$

これらの結果を用いると，$f(x)$ は $x = 1$ の周りで式 (8.51) のようにテイラー展開できる[†]。

$$f(x) = f(1) + f'(1)(x-1) + \frac{f''(1)}{2!}(x-1)^2 + \frac{f'''(1)}{3!}(x-1)^3$$

$$= 1 - (x-1) + (x-1)^2 - (x-1)^3$$

$$\left[= x(2 - 2x + x^2) \right] \tag{8.51}$$

◀

8.6　展開の次数を無限にとると

関数 $f(x)$ を展開するときは，展開の次数 n を大きくすればするほど，より広い x の範囲を精度よく近似できる。これは，マクローリン展開 ($x = 0$ 周りに限る) とテイラー展開 (どこの x の周りでもよい) の，どちらにもいえることである。

[†]　この場合も，展開を 1 次で留めたときの式 $1 - (x-1)$ つまり $2 - x$ は，もとの関数 $f(x) = 1/x$ の $x = 1$ における接線の式に等しい。

　では，次数 n を限りなく大きくすれば，すべての実数 x をカバーする多項式が得られるのだろうか？ 例えば，n 次の (有限次の) マクローリン展開は $x = 0$ の近くでしか成り立たないが，$n \to \infty$ としたときの (無限次の) マクローリン展開は，$x = 0$ から離れた場所でも成り立つのだろうか？

　結論からいうと，これは展開しようとする関数の種類に依存する。実際，関数によっては，無限次のマクローリン展開が，すべての実数 x でもとの関数と一致する場合もある。逆に，無限次のマクローリン展開を計算しても，ごく限られた領域内の x でしか，もとの関数と一致しない場合もあるのだ。

　例えば，$f(x) = e^x$ のマクローリン展開を考えよう。展開の次数 n を限りなく大きくすると

$$e^x = 1 + x + \frac{x^2}{2!} + \cdots = \sum_{n=0}^{\infty} \frac{x^n}{n!} \tag{8.52}$$

という式を得る。じつはこの式は，すべての実数 x で成り立つことが知られている。つまり，式 (8.52) に代入する x の値が，$x = 0$ からどんなに離れていても，右辺の無限和の値は，もとの関数 e^x の値と等しくなるのである。

$$e^x = 1 + x + \frac{x^2}{2!} + \cdots \text{は，}$$
$$x \text{ がどんなに大きくても OK！}$$

万能！

　これと同じように，$f(x) = \cos x$ を無限の次数までマクローリン展開すると

$$\cos x = 1 - \frac{x^2}{2!} + \frac{x^4}{4!} - \cdots = \sum_{n=0}^{\infty} \frac{(-1)^n}{(2n)!} x^{2n} \tag{8.53}$$

と表せる。やはりこの等式も，すべての実数 x で成り立つ。どんなに絶対値の大きい値に対しても (例えば $x = 1\,000\pi$ とか，$x = -2^{100}\pi$ とかでも)，この近似式は使えるのである。展開の次数 n が有限 ($n = 1$ や $n = 2$ など) の場合は $x = 0$ の周りでしか通用しなかったが，n を無限に大きくしたとたんに，どんな x に対しても通用する近似式になるのである。

$$\cos x = 1 - \frac{x^2}{2!} + \frac{x^4}{4!} - \cdots \ \text{も}$$

$$\sin x = x - \frac{x^3}{3!} + \frac{x^5}{5!} - \cdots \ \text{も}$$

すべての x で使用可能!

一方, そううまくはいかない関数もある。例えば $f(x) = 1/(1-x)$ を無限の次数までマクローリン展開すると

$$\frac{1}{1-x} = 1 + x + x^2 + \cdots = \sum_{n=0}^{\infty} x^n \qquad (8.54)$$

となるが, この等式は $-1 < x < 1$ の範囲でしか成立しない。この範囲の外にある x の値 (例えば $x = 2$ など) を式 (8.54) の右辺に代入すると, この無限和は発散してしまう。つまり, この無限和 $\displaystyle\sum_{n=0}^{\infty} x^n$ は, そもそも $x = 2$ で意味をなさない (定義できない) のである。

$$\frac{1}{1-x} = 1 + x + x^2 + \cdots \ \text{は} \ -1 < x < 1 \ \text{でしか使えない。}$$

8.7　収束半径とは

関数の展開が有効な x の範囲を, 以下のように整理しよう。

1) **展開の次数 n が有限の場合**
   展開の中心 (マクローリン展開なら $x = 0$, テイラー展開なら $x = x_0$) の十分近くでしか, 近似は成り立たない。

2) **展開の次数 n が無限に大きい場合** [†]

[†]　このように, 展開の次数を無限に大きくした場合は, わざわざ「○次の」という言葉を付けず, 単に「$f(x)$ のマクローリン展開」とか「$f(x)$ のテイラー展開」という言い方をする。

関数の種類によっては，すべての実数 x で，近似が成り立つことがある (成り立たないこともある)。

このように，無限の次数まで展開したときに得られる式には，二つのパターンがある。i) すべての実数の範囲 (つまり $-\infty < x < \infty$) で，もとの関数 $f(x)$ を再現する場合と，ii) ある限られた範囲 $-r < x < r$ でしか，もとの関数 $f(x)$ を再現できない場合，である。この i) と ii) の違いを簡潔に表すのに使われるのが，収束半径という概念である (図 **8.11**)。

関数 $f(x)$ の展開が・・・

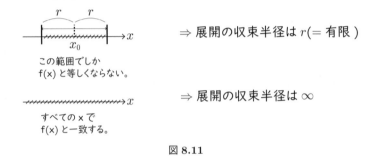

⇒ 展開の収束半径は $r(=$ 有限$)$

⇒ 展開の収束半径は ∞

図 **8.11**

一般に，無限級数

$$a_0 + a_1 x + a_2 x^2 + \cdots \tag{8.55}$$

が一定値に収束するか否かは，代入する x の値に依存する。そして，$|x| < r$ なら収束して，$|x| > r$ なら発散するとき，この定数 r のことを級数の収束半径と呼ぶ[†]。このように関数の展開とは，どんな x に対しても成り立つとは限らない。得られた無限級数が収束する範囲でのみ，関数の展開は意味をもつのだ。

関数の展開を用いるときは，収束半径を check すること!

[†] ちょうど収束半径ピッタリの場所 $|x| = r$ では，収束する場合もあれば発散する場合もあって，特に決まりがない。

例えば $f(x) = 1/(1-x)$ のマクローリン展開

$$\frac{1}{1-x} = 1 + x + x^2 + \cdots \tag{8.56}$$

は, $-1 < x < 1$ の範囲だけで成立することを, 先ほど述べた。つまり, $|x| < 1$ のときのみ, 式 (8.56) は成り立つ。このとき, この展開の収束半径 r は $r = 1$ である, という言い方をする。

また, $f(x) = e^x$ のマクローリン展開

$$e^x = 1 + x + \frac{x^2}{2!} + \frac{x^3}{3!} + \cdots \tag{8.57}$$

は, すべての x で成立することを述べた。このとき, この展開の収束半径 r は $r = \infty$ だ, といえる。

例 8.7　関数 $\log(1+x)$ のマクローリン展開

$$\log(1+x) = x - \frac{x^2}{2} + \frac{x^3}{3} - \frac{x^4}{4} + \cdots \tag{8.58}$$

の収束半径 r は $r = 1$ である。

式 (8.58) の右辺に現れた無限級数は, $-1 < x \leqq 1$ のときのみ収束する[†]。そしてその収束値は, $\log(1+x)$ に等しい。一方, これ以外の値を右辺の x に代入すると, 級数は発散してしまう。よって当然, 右辺の値は $\log(1+x)$ と等しくならない。

例 8.8　関数 e^x のマクローリン展開の収束半径 r は $r = \infty$ である。

すでに述べたとおり, 式 (8.52) の右辺は, どんな x に対しても収束する。しかも, その収束値は, 常にもとの関数 e^x の値に等しい。このように, $-\infty < x < \infty$ の範囲で展開が有効なときは, 展開の収束半径 r が $r = \infty$ だと表現する。

[†]　$-1 \leqq x \leqq 1$ では「ない」ことに注意。実際, $x = -1$ を式 (8.58) の右辺に代入すると, 級数が発散してしまう。また, 左辺に代入しても, 対数の真数部分 $1+x$ が 0 になってしまう。

　与えられた無限級数の収束半径を調べる方法は複数知られている。しかしここでは，おのおのの判定法の詳細には立ち入らず，おもな級数展開の収束半径を示すに留める。

$$e^x = 1 + x + \frac{x^2}{2!} + \frac{x^3}{3!} + \cdots = \sum_{n=0}^{\infty} \frac{x^n}{n!} \quad (r = \infty) \tag{8.59}$$

$$\cos x = 1 - \frac{x^2}{2!} + \frac{x^4}{4!} - \cdots = \sum_{n=0}^{\infty} \frac{(-1)^n}{(2n)!} x^{2n} \quad (r = \infty) \tag{8.60}$$

$$\sin x = x - \frac{x^3}{3!} + \frac{x^5}{5!} - \cdots = \sum_{n=0}^{\infty} \frac{(-1)^n}{(2n+1)!} x^{2n+1} \quad (r = \infty) \tag{8.61}$$

$$\log(1+x) = x - \frac{x^2}{2!} + \frac{x^3}{3!} - \cdots = \sum_{n=1}^{\infty} \frac{(-1)^{n-1}}{n!} x^n \quad (r = 1) \tag{8.62}$$

$$\frac{1}{1-x} = 1 + x + x^2 + \cdots = \sum_{n=0}^{\infty} x^n \quad (r = 1) \tag{8.63}$$

　上に示した例のうち，e^x, $\cos x$, $\sin x$ はなぜ展開の収束半径が ∞ なのだろうか？　その理由は，べき乗 x^n と階乗 $n!$ の大小関係にある。

　まず e^x, $\cos x$, $\sin x$ を展開すると，右辺の各項の分子には x のべき乗 x^n が現れて，分母には階乗 $(n!)$ が現れることに注意しよう。そして n がどんどん増えると，分母の $n!$ はものすごいスピードで大きくなる。一方，分子の x^n の増加はそれほどでもない。よって $n \to \infty$ では，必ず $x^n/n! \to 0$ となる†。その結果，x の絶対値がどれだけ大きかろうが，e^x, $\cos x$, $\sin x$ を展開して得られる級数は必ず収束するのである。

---

†　3.14 節で述べたことを思い出そう。どんな大きな値を a に代入しても，n をどんどん大きくすると，いつか必ず $n!$ のほうが a^n よりも圧倒的に大きくなるのである。

┌─ **コーヒーブレイク** ─────────────────────────────┐

唐突だが，つぎのような無限級数 (限りなくつづくたし算) を紹介しよう。

$$1 - \frac{1}{2} + \frac{1}{3} - \frac{1}{4} + \frac{1}{5} - \cdots = \log 2$$

じつはこの級数，整数比のたし算が，無理数 $\log 2$ に化けるという，ちょっと変わった級数なのだ (メルカトル級数という名前が付いている)。$\log(1+x)$ をマクローリン展開して $x = 1$ を代入すれば，上のことを証明できる。

もう一つ，こんな変わった級数もある。

$$1 - \frac{1}{3} + \frac{1}{5} - \frac{1}{7} + \frac{1}{9} - \cdots = \frac{\pi}{4}$$

こちらの場合は，整数比のたし算によって，なんと円周率が登場するのだ。(ライプニッツ・グレゴリー級数と呼ばれる)。$\arctan x$ をマクローリン展開して，$x = 1$ を代入すれば，この級数が得られる (章末問題【 4 】を参照)。

さらにさらに，こんな変わった級数もある。

$$\frac{1}{1^2} + \frac{1}{2^2} + \frac{1}{3^2} + \frac{1}{4^2} + \cdots = \frac{\pi^2}{6}$$

この左辺の無限級数の値を求めよ，という問題は，かつてバーゼル問題とも呼ばれていた (スイスの都市バーゼルで，この問題を研究した数学者ベルヌーイやオイラーが住んでいたことに由来する)。$\sin x$ のマクローリン展開を駆使すると，左辺の級数が $\pi^2/6$ に等しいことを証明できる。

単なる整数比のたし算が，「無限」というスパイスによって，かくも多彩な無理数に変身する。ここにも，無限という概念の奥深さが垣間見える。

└──┘

8.8 関数の展開の応用 (1): 極限の計算

関数の展開を応用すると，普通の方法では求まらない極限値を計算することができる。

例えば，式 (8.64) のような極限値の計算を考える[†]。

[†] これを "0/0 の不定形" と呼ぶ。

$$\lim_{x \to 0} \frac{\sin x}{x} \tag{8.64}$$

式 (8.64) において $x \to 0$ の極限をとると，分母と分子はどちらも 0 に近づく。0/0 という分数は，数学のルール上許されていないので，このままでは式 (8.64) の値を求めることができない。しかし $\sin x$ を $x = 0$ の周りで展開し，それを式 (8.64) に代入すると

$$\begin{aligned}
\lim_{x \to 0} \frac{\sin x}{x} &= \lim_{x \to 0} \frac{x - \dfrac{x^3}{3!} + \dfrac{x^5}{5!} - \cdots}{x} \\
&= \lim_{x \to 0} \left(1 - \frac{x^2}{3!} + \frac{x^4}{5!} - \cdots \right) = 1
\end{aligned} \tag{8.65}$$

となり，確定した極限値が得られる。つまり，関数の展開をうまく使うことで，不定形になってしまっている原因を取り除くのである。

例 8.9 マクローリン展開を利用して，$\displaystyle\lim_{x \to 0} \frac{e^x - 1}{x}$ を求めよ。

【解説】 与式のままでは，$x \to 0$ の極限で分母と分子がともに 0 に近づくため，与式の値を確定することができない。そこで，まず関数 $f(x) = e^x$ を展開して

$$e^x = 1 + x + \frac{x^2}{2!} + \frac{x^3}{3!} + \cdots \tag{8.66}$$

とし，これを与式に代入すると

$$\begin{aligned}
\lim_{x \to 0} \frac{e^x - 1}{x} &= \lim_{x \to 0} \frac{\left(1 + x + \dfrac{x^2}{2!} + \dfrac{x^3}{3!} + \cdots \right) - 1}{x} \\
&= \lim_{x \to 0} \frac{x + \dfrac{x^2}{2!} + \dfrac{x^3}{3!} + \cdots}{x}
\end{aligned} \tag{8.67}$$

ここで分母と分子の x を約分すると，もはやこの式は 0/0 の不定形ではなくなる。したがって与式の値を式 (8.68) のように確定できる。

$$\lim_{x \to 0} \frac{e^x - 1}{x} = \lim_{x \to 0} \left(1 + \frac{x}{2!} + \frac{x^2}{3!} + \cdots \right) = 1 \tag{8.68}$$

◀

8.9   関数の展開の応用 (2): 積分の計算

関数の展開を使うと，普通には解けない積分を計算することができる。例えば，定積分 †

$$I(x) = \int_0^x e^{-u^2} du \tag{8.69}$$

は，置換積分や部分積分の方法では解けないのだが，被積分項 e^{-u^2} をマクローリン展開すれば，式 (8.70) のように計算できる。

$$\begin{aligned}
I(x) &= \int_0^x \left(1 - u^2 + \frac{u^4}{2!} - \frac{u^6}{3!} + \cdots \right) du \\
&= x - \frac{x^3}{3} + \frac{x^5}{5 \cdot 2!} - \frac{x^7}{7 \cdot 3!} + \cdots = \sum_{n=0}^{\infty} (-1)^n \frac{x^{2n+1}}{n!(2n+1)}
\end{aligned} \tag{8.70}$$

例 8.10 $\cos x$ のマクローリン展開を利用して，$\displaystyle\int \cos x \, dx = \sin x + C$ であることを示せ (ただし C は任意定数)。

【解説】 $f(x) = \cos x$ のマクローリン展開は

$$\cos x = 1 - \frac{x^2}{2!} + \frac{x^4}{4!} - \cdots \tag{8.71}$$

と表せる。この両辺を x で積分すると

---

† この積分に，係数 $2/\sqrt{\pi}$ をかけた式を，誤差関数 (error function) と呼ぶ。確率論や統計学で頻繁に登場する，重要な関数である。

$$\int \cos x dx = \int \left(1 - \frac{x^2}{2!} + \frac{x^4}{4!} - \cdots \right) dx$$

$$= C + x - \frac{x^3}{3!} + \frac{x^5}{5!} - \cdots \tag{8.72}$$

式 (8.72) の最右辺は，$\sin x$ のマクローリン展開 (に任意定数 C を加えたもの) に等しい。以上のことから

$$\int \cos x \, dx = \sin x + C \tag{8.73}$$

を示せた。　　　　　　　　　　　　　　　　　　　　　◀

章 末 問 題

【1】 つぎに示した各関数のマクローリン展開を，指定された x^n の項まで，それぞれ導出せよ。

(1) $e^x = 1 + x + \dfrac{x^2}{2!} + \dfrac{x^3}{3!} + \cdots$ 　　（x^2 の項まで）

(2) $\sin x = x - \dfrac{x^3}{3!} + \dfrac{x^5}{5!} - \dfrac{x^7}{7!} + \cdots$ 　　（x^5 の項まで）

(3) $\cos x = 1 - \dfrac{x^2}{2!} + \dfrac{x^4}{4!} - \dfrac{x^6}{6!} + \cdots$ 　　（x^4 の項まで）

(4) $\log(1 + x) = x - \dfrac{x^2}{2} + \dfrac{x^3}{3} - \dfrac{x^4}{4} + \cdots$ 　　（x^3 の項まで）

(5) $\sqrt{1 + x} = 1 + \dfrac{x}{2} - \dfrac{x^2}{8} + \dfrac{x^3}{16} - \cdots$ 　　（x^2 の項まで）

(6) $\dfrac{1}{1 - x} = 1 + x + x^2 + x^3 + \cdots$ 　　（x^2 の項まで）

(7) $\sinh x = x + \dfrac{x^3}{3!} + \dfrac{x^5}{5!} + \dfrac{x^7}{7!} + \cdots$ 　　（x^5 の項まで）

(8) $\cosh x = 1 + \dfrac{x^2}{2!} + \dfrac{x^4}{4!} + \dfrac{x^6}{6!} + \cdots$ 　　（x^4 の項まで）

(9) $(1+x)^{\alpha} = 1 + \alpha x + \dfrac{\alpha(\alpha-1)}{2!}x^2 + \dfrac{\alpha(\alpha-1)(\alpha-2)}{3!}x^3 + \cdots$

　　　　(x^2 の項まで)

【2】 つぎの誘導に従って，$\tan x$ のマクローリン展開を求めよ[†1]。

(1)　$\sin x$ と $\cos x$ をそれぞれマクローリン展開せよ。

(2)　$1/(1-u)$ (ただし $|u|<1$) の展開を利用して，$1/\cos x$ (ただし $|x|<\pi/2$) のマクローリン展開を，x^4 の項まで求めよ。

(3)　$\sin x$ と $1/\cos x$ の積をとることで，$\tan x$ (ただし $|x|<\pi/2$) のマクローリン展開を求めよ。

【3】 つぎの誘導に従って，$\tanh x$ のマクローリン展開を求めよ[†2, †3]。

(1)　$\sinh x$ と $\cosh x$ をそれぞれマクローリン展開せよ。

(2)　$1/(1+u)$ (ただし $|u|<1$) の展開を利用して，$1/\cosh x$ (ただし $|x|<1$) のマクローリン展開を，x^4 の項まで求めよ。

(3)　$\sinh x$ と $1/\cosh x$ の積をとることで，$\tanh x$ (ただし $|x|<1$) のマクローリン展開を，x^5 の項まで導出せよ。

【4】 つぎの誘導に従って，$\arctan x$ のマクローリン展開を求めよ。

(1)　$(\arctan x)' = 1/(1+x^2)$ を示せ。

(2)　$1/(1+x^2)$ (ただし $|x|<1$) を，x^4 の項までマクローリン展開せよ。

(3)　(2) の結果を積分することで，$\arctan x$ (ただし $|x|<1$) のマクローリン展開を，x^5 の項まで導出せよ。

【5】 つぎの誘導に従って，$\arcsin x$ のマクローリン展開を求めよ[†4]。ただし $\arcsin x$ の主値のみを考えるとする。

(1)　$(\arcsin x)' = 1/\sqrt{1-x^2}$ を示せ。

(2)　$1/\sqrt{1-x^2}$ (ただし $|x|<1$) を，x^4 の項までマクローリン展開せよ。

(3)　(2) の結果を積分することで，$\arcsin x$ (ただし $|x|<1$) のマクローリン展開を，x^5 の項まで導出せよ。

[†1]　$\tan x$ のマクローリン展開の収束半径は，$\pi/2$ であることが知られている。

[†2]　$\tanh x$ のマクローリン展開の収束半径も，$\tan x$ と同じく $\pi/2$ である。

[†3]　じつは $\tan x$ と $\tanh x$ の間には，$\tan(ix) = i\tanh x$ という関係がある。したがって，$\tan x$ の展開がわかれば，変数 x を ix に置き換えることで，$\tanh x$ の展開が求まる。

[†4]　この問いの答えを使うと，$\arccos x$ の展開は，恒等式 $\arccos x = \pi/2 - \arcsin x$ から簡単に求まる。

【6】　e^x を，$x = 1$ の周りで $(x - 1)^3$ の項までテイラー展開せよ。

【7】　$\log x$ を，$x = 1$ の周りで $(x - 1)^4$ の項までテイラー展開せよ。

【8】　x^3 を，$x = 1$ の周りで $(x - 1)^3$ の項までテイラー展開せよ。

【9】　【1】で示されたマクローリン展開を利用して，つぎの値を小数第 2 位までの精度で求めよ。

(1)　$\exp(-0.5)$　　(2)　$\sin 1$　　(3)　$\sqrt{1.1}$　　(4)　$\log 0.9$

【10】　関数の展開を用いて，つぎの極限値を求めよ。

(1)　$\displaystyle \lim_{x \to 0} \frac{1 - \cos x}{x^2}$　　(2)　$\displaystyle \lim_{x \to 0} \frac{x - \sin x}{x^3}$　　(3)　$\displaystyle \lim_{x \to 0} \frac{x - \sin x}{x^2 \tan x}$

(4)　$\displaystyle \lim_{x \to 0} \frac{e^{x^2} - x^2 - 1}{x^4}$　　(5)　$\displaystyle \lim_{x \to 0} \frac{e^{x^2} - \cos x}{x \sin x}$

(6)　$\displaystyle \lim_{x \to 0} \frac{\log(1 + x) - \sin x}{x^2}$

【11】　関数の展開を利用して，つぎの定積分の値を，小数第 2 位までの精度で求めよ †。

(1)　$\displaystyle \int_0^1 \sin \sqrt{x}\, dx$　　(2)　$\displaystyle \int_0^1 \cos \sqrt{x}\, dx$

(3)　$\displaystyle \int_0^1 \sin \left(x^2\right)\, dx$　　(4)　$\displaystyle \int_0^1 \cos \left(x^2\right)\, dx$

---

†　ちなみに，$\displaystyle \int_0^x \sin \left(u^2\right) du$ と $\displaystyle \int_0^x \cos \left(u^2\right) du$ はフレネル積分と呼ばれる特別な積分 (x の奇関数) であり，光の回折現象を記述する際に使われる。

第**9**章　積分とはなにか

　積分とは，ある図形の「面積」を求める手法の一つである。それと同時に，積分とは微分の逆の操作，いわば「逆微分」とみなすこともできる。ではいったいなぜ，この「面積」と「逆微分」という二つの概念が両立するのだろうか？　本章では，こうした積分の意味そのものを考え直そう。

9.1　積分は二つの顔をもつ

　積分という操作には，以下に述べる二つの意味がある。

　一つ目は，「グラフの面積」を求めるということである。例えば，ある関数 $y = f(x)$ が与えられたとして，そのグラフと二つの直線 $x = a$, $x = b$, および x 軸とで囲まれた斜線部の領域を考えよう (図**9.1**)。この領域の面積 S は

$$S = \int_a^b f(x)dx \tag{9.1}$$

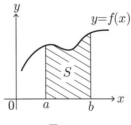

図 **9.1**

という積分で表される†。式 (9.1) において，$f(x)$ は被積分関数，a と b はそれぞれ積分の下端と上端と呼ばれる。dx は，変数 x で積分することを意味しており，$\displaystyle\int \boxed{} dx$ でひとかたまりの記号である。

　積分がもつ二つ目の意味は，「微分の『逆』」ということである。例えば

$$f(x) = x^2 \tag{9.2}$$

の積分が

$$\int f(x)dx = \frac{x^3}{3} + C \quad (C \text{ は積分定数}) \tag{9.3}$$

である理由は，後者の $(x^3/3) + C$ を微分すると前者の x^2 に戻るからである。つまり積分とは，微分と正反対の計算を指しているのである (図 **9.2**)。

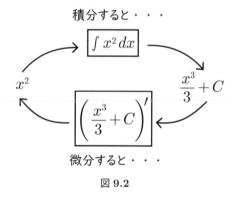

図 **9.2**

　改めて考えてみると，この「面積」という概念と「逆微分」という概念が結び付いているのは，まったくあたりまえの話ではない。例えば，$\cos x$ の積分が $\sin x + C$ だったり，$1/x$ の積分が $\log|x| + C$ だということは，グラフの面積という概念をまったく使わずに，以下のように式の変形だけで求めることができる。

---

†　記号 $\displaystyle\int$ は，積分記号と呼ばれる。この記号は，積分が和 (sum) の極限であることから，sum の頭文字の S を縦に引き延ばしてつくられたといわれている。

$$(\sin x + C)' = \cos x \quad \text{なので} \quad \int \cos x\, dx = \sin x + C \tag{9.4}$$

$$(\log |x| + C)' = \frac{1}{x} \quad \text{なので} \quad \int \frac{1}{x}\, dx = \log |x| + C \tag{9.5}$$

ではいったいなぜ，微分の逆という操作によって，グラフの面積が求まるのか？ これら二つの考え方は，いったいどのような理屈で結び付くのだろうか？

問題!

なぜ「面積」と「逆微分」が，同じ式で表せるのだろうか？

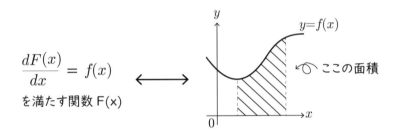

なぜ，関係するの？

この問いに答えるのが，本章のおもな目的である。

9.2　区 分 求 積 法

前節の問いに答えるための準備として，「グラフの面積を求める」，という考え方を詳しく復習しよう。

円や三角形などの図形は，ある特徴的な長さ (半径，辺の長さなど) がわかれば，その面積を簡単に求めることができる。一方，グニャグニャと曲がった曲線で囲まれた図形の面積を求めることは，そう簡単ではない。ただし，そのグニャグニャの曲線を，ある関数 $y = f(x)$ の形で表せるのならば，以下のような「タイル張り」の方法で図形の面積を見積もることができる。

　以下では簡単のため，関数 $y = f(x)$ は $a \leqq x \leqq b$ の範囲で連続であり，か
つ，この範囲で $f(x) \geqq 0$ としよう。この $y = f(x)$ のグラフと，三つの直線
($x = a$, $x = b$, および x 軸) で囲まれた図形の面積を S とする (図 **9.3**)。こ
の S の値を，与えられた関数 $f(x)$ という情報をもとに，求めたいのである。

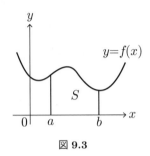

図 **9.3**

　この図形は円や三角形ではないので，ワンタッチでその面積を求める手法
(すなわち公式) は存在しない。そこでその代わりに，この図形をたくさんの
細長いタイルで覆うことを考える (図 **9.4**)。タイルの面積の合計が，もとの
図形の面積とほぼ等しくなるよう，タイルを並べるのである。

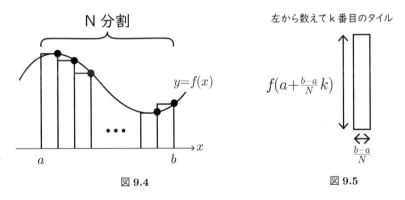

図 **9.4**   図 **9.5**

　もちろんいまのままだと，タイルの面積の合計は，もとの図形の面積 S と
厳密には等しくならない。その理由は，各タイルの上端が，グラフ曲線と完
全には一致していない (つまりタイルの上端の一部が，曲線よりもはみ出し
たり，引っ込んだりしている) ためである。

しかし，一つ一つのタイルの横幅をどんどん細くすれば，このはみ出している (または引っ込んでいる) 部分の面積はどんどん小さくなるであろう。つまり，限りなく細いタイルを，限りなくたくさん用いることで，図形の面積を S に限りなく近づけることができそうである。

では具体的に，どのように S を計算すればよいのだろうか？ まず N 枚のタイルから，話を始めよう。各タイルの横幅は，区間 $a \leq x \leq b$ を N 等分した幅と同じ値にする。また，タイルの縦幅は，各タイルの右上の頂点がグラフ曲線と一致するように決める (図 **9.5**)。すると，それぞれのタイルの縦幅 (高さ) は，関数 $f(x)$ を用いて以下のように表せる。

最も左のタイル $(k=1)$ の高さ：$f\left(a+\dfrac{b-a}{N}\right)$

左から二番目のタイル $(k=2)$ の高さ：$f\left(a+\dfrac{b-a}{N}\times 2\right)$

左から三番目のタイル $(k=3)$ の高さ：$f\left(a+\dfrac{b-a}{N}\times 3\right)$

$\vdots$

左から $N-1$ 番目のタイル $(k=N-1)$ の高さ：$f\left(a+\dfrac{b-a}{N}\times (N-1)\right)$

左から N 番目のタイル $(k=N)$ の高さ：$f\left(a+\dfrac{b-a}{N}\times N\right)$ $\left[\,=f(b)\right]$

さて，左から k 番目のタイルの面積は，横幅と高さの積なので

$$\underbrace{f\left(a+\frac{b-a}{N}\times k\right)}_{k\,番目のタイルの高さ} \times \underbrace{\frac{b-a}{N}}_{タイルの横幅} \tag{9.6}$$

と表せる。これをすべてのタイルについてたし合わせると，その合計値 S_N は

$$S_N = \sum_{k=1}^{N} f\left(a+\frac{b-a}{N}\times k\right) \times \frac{b-a}{N} \tag{9.7}$$

と書ける。

　ではいよいよ，各タイルの横幅を無限に小さくするとともに，タイルの枚数を無限に増やすとしよう。すなわち，式 (9.7) において $N \to \infty$ の極限をとるのである。このとき，S_N はもとの図形の面積 S にどんどん近づくので

$$\lim_{N \to \infty} S_N = S \tag{9.8}$$

と書ける。すなわち

$$S = \lim_{N \to \infty} \left\{ \sum_{k=1}^{N} f\left(a + \frac{b-a}{N} \times k\right) \times \frac{b-a}{N} \right\} \tag{9.9}$$

これで，もとの図形の面積 S と，関数 $f(x)$ を結び付ける数式が得られた。しかし式 (9.9) の右辺は，記号が多すぎてなんだかまどろっこしい。そこでこの右辺全体を

$$\int_a^b f(x)dx \tag{9.10}$$

という記号で表すと約束するのである (図 **9.6**)。式 (9.10) を，$f(x)$ の a から b までの定積分と呼ぶ。

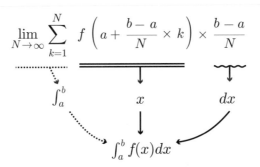

図 **9.6**

　このように「積分」とは，無限に細いタイルを，無限にたくさん集めるという操作なのである (上のような方法で図形の面積を求める手法は，区分求積法と呼ばれる)。

積分とは，無限に細いタイルを，
無限にたくさん集める計算である。

例 9.1　関数 $y = x$ のグラフと，三つの直線 $x = a$, $x = b \ (> a)$, x 軸
で囲まれた図形の面積を，区分求積法で求めよ (図 **9.7**)。

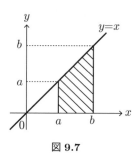

図 **9.7**

【解説】　式 (9.7) において $f(x) = x$ とおけば

$$S_N = \sum_{k=1}^{N} \left(a + k\frac{b-a}{N} \right) \times \frac{b-a}{N}$$

$$= \frac{b-a}{N} \left(Na + \frac{b-a}{N} \sum_{k=1}^{N} k \right) \tag{9.11}$$

ここで，和に関する公式 $\displaystyle\sum_{k=1}^{N} k = \frac{N}{2}(N+1)$ を用いると †

$\dagger$　ここで用いた和の公式の証明はつぎのとおりである。いま $L = 1 + 2 + \cdots + N$ とおき
両辺を 2 倍すると

$$2L = \Big[1 + 2 + \cdots + (N-1) + N\Big] + \Big[N + (N-1) + \cdots + 2 + 1\Big]$$

右辺にある二つの [ ] 内の項を，それぞれ左から順番に組み合わせると

$$2L = \Big[1 + N\Big] + \Big[2 + (N-1)\Big] + \cdots + \Big[(N-1) + 2\Big] + \Big[N+1\Big]$$

この右辺にある N 個の項はすべて $N+1$ に等しいので，$2L = (N+1) \times N$。以上よ
り $L = N(N+1)/2$ が求まる。

$$S_N = \frac{b-a}{N}\left[Na + \frac{b-a}{N}\cdot\frac{N}{2}(N+1)\right]$$

$$= a(b-a) + \frac{(b-a)^2}{2}\cdot\left(1 + \frac{1}{N}\right) \tag{9.12}$$

最後に，両辺で $N \to \infty$ の極限をとれば，図形の面積が式 (9.13) のように求まる [†1]。

$$\lim_{N\to\infty} S_N = a(b-a) + \frac{(b-a)^2}{2} = \frac{1}{2}\left(b^2 - a^2\right) \tag{9.13}$$

◀

9.3　逆微分と面積の関係

　前節で述べた区分求積法を用いれば，$y = f(x)$ のグラフと x 軸で挟まれた図形の面積を計算することができる。しかし，いちいち図形をタイルで覆って，その寄せ集めを計算するのは，**非常にまどろっこしい**。もっと手軽に図形の面積を求めることはできないだろうか？

　そこで登場するのが，微分の逆操作，いわば逆微分である。いま，与えられた関数 $f(x)$ に対して

$$\frac{dF(x)}{dx} = f(x) \tag{9.14}$$

となるような関数 $F(x)$ を見つけることができたとしよう。つまり，「微分すると f になる」ような関数 F を考えるのである [†2]。

[†1]　ちなみに，式 (9.13) で得られた値は，図 9.7 の図形を「台形」とみなしたときの面積

$$（上底＋下底）\times 高さ \div 2 = \frac{(a+b)\cdot(b-a)}{2} = \frac{1}{2}(b^2 - a^2)$$

に等しい。

[†2]　言い換えれば「f を逆微分すると F になる」状況を考えている，ともいえる。

もしこの $F(x)$ が，$y = f(x)$ のグラフと x 軸で挟まれた図形の面積と等しいとしたら，どうだろう？ もしそんな都合のよいことが成り立つならば，わざわざ<u>区分求積法なんて使わずとも</u>，$f(x)$ を逆微分するだけで (つまり式 (9.14) を満たす $F(x)$ を見つけるだけで) <u>図形の面積が求まる</u>ことになる。

そして驚くべきことに，こんな都合のよいことが，実際に「成り立つ」のである。

微分の逆操作によって、図形の面積が求まる!

ではどうやって，微分の逆で面積が求まることを証明できるのか？ そのためにはまず，図 **9.8** に示したとおり，ある実数 C から x までの区間において，曲線 $y = f(x)$ と x 軸の間にある領域の面積を $S(x)$ と定義する[†]。

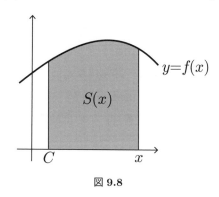

図 **9.8**

さらにこの $f(x)$ は，別の関数 $F(x)$ を微分して

$$\frac{dF(x)}{dx} = f(x)$$

の形で与えられていると約束しよう。そしてここから先の議論では，この面積 $S(x)$ が，$F(x)$ と等しいことを示すのである。

その準備として，ある正の数 h を用いて，式 (9.15) のような量を考える。

[†] ここで，C の値はどんな実数でもよいことに注意。

$$S(x+h) - S(x) \quad (h > 0) \tag{9.15}$$

この量の意味は, 図 **9.9** が示すとおりである。すなわち $S(x+h) - S(x)$ とは, x から $x+h$ までの区間において, 曲線 $y = f(x)$ と x 軸とが挟む部分の面積に等しい。

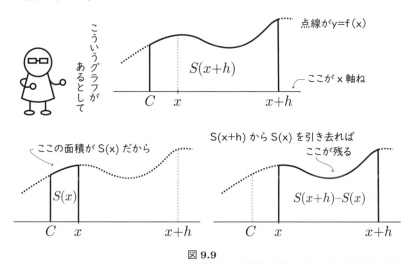

図 **9.9**

つぎに, 曲線 $y = f(x)$ の最大点・最小点に注目しよう。いま, 区間 $[x, x+h]$ において $f(x)$ が最大値をとる位置を $x = a$ とする (図 **9.10**)。

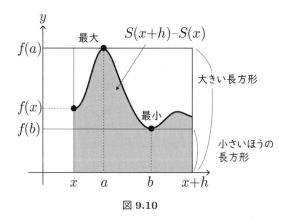

図 **9.10**

同様に，この区間において $f(x)$ が最小値をとる位置を $x = b$ とする。そのうえで，図 9.10 に示した大小二つの長方形を考えよう。

すると**図 9.11** から明らかなとおり，$S(x+h) - S(x)$ の値は，小さいほうの長方形 (=底辺 h, 高さ $f(b)$) の面積よりも大きい。同様に，$S(x+h) - S(x)$ は，大きいほうの長方形 (=底辺 h, 高さ $f(a)$) の面積よりも小さい。これを不等式で表すと

$$h \cdot f(b) \leqq S(x+h) - S(x) \leqq h \cdot f(a) \tag{9.16}$$

となる。

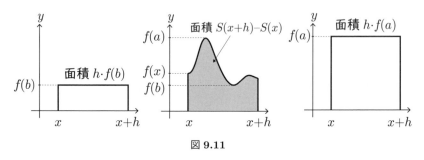

図 9.11

$h > 0$ に注意して，不等式 (9.16) のすべての項を h で割ると

$$f(b) \leqq \frac{S(x+h) - S(x)}{h} \leqq f(a) \tag{9.17}$$

を得る。

さらに $h \to 0$ の極限をとると，図 9.10 に示した曲線の最大点と最小点は，どちらも曲線の一番左端の点 $(x, f(x))$ に近づくことがわかるだろう。これはつまり，$h \to 0$ の極限で，$f(a)$ と $f(b)$ がともに $f(x)$ に近づくことを意味する。このことを式で表すと，式 (9.18) のようになる。

$$\lim_{h \to 0} f(b) = f(x), \quad \lim_{h \to 0} f(a) = f(x) \tag{9.18}$$

したがって，式 (9.17) に対するはさみうちの定理 [†] から

[†]　一般に，ある関数が，同じ極限値をもつ二つの関数に挟まれている場合，この関数もやはり同じ極限値をもつ。これを，はさみうちの定理と呼ぶ。

$$\lim_{h \to 0} \frac{S(x+h) - S(x)}{h} = f(x) \tag{9.19}$$

がいえる。

式 (9.19) の左辺は，$S(x)$ に関する微分の定義式そのものであることに注意しよう。すなわちここまでの議論で，私たちは

$$\frac{dS(x)}{dx} = f(x) \tag{9.20}$$

を証明できたことになる。この結論と，もともとの $F(x)$ の定義式

$$\frac{dF(x)}{dx} = f(x) \tag{9.21}$$

を見比べると，確かに $S(x) = F(x)$ が成り立つことがわかる [†1]。

つまり，与えられた関数 $f(x)$ の逆微分によって求まる関数 $F(x)$ は，図形の面積 $S(x)$ そのものなのである。

f(x) の逆微分 F(x) は，面積 S(x) に等しい。

9.4　原始関数とは

ここまでの説明では，ある関数 $f(x)$ と，その逆微分で得られる $F(x)$ との関係を考えてきた。具体的には，式 (9.21) で与えられる関数 $F(x)$ との関係である。この後者の関数 $F(x)$ は，「$f(x)$ の原始関数」と呼ばれる [†2]。

$f(x)$ の原始関数 $F(x)$ には，つぎの二つの意味がある。

1)　微分すると $f(x)$ になる関数である (つまり $F'(x) = f(x)$)。

[†1]　厳密にいうと，定数 C の任意性を残して $S(x) = F(x) + C$ (ただし C は任意の定数) と書くべきである。この詳細は 9.5 節で述べる。

[†2]　原始といっても，原始人とか原始時代のように「とても古い」関数という意味ではない。ここで用いられる原始という言葉は，物事のもとになるものとか，自然のままの状態である，という意味の言葉である。

2)　ある実数 C から x までの区間において，曲線 $y = f(x)$ と x 軸に挟まれた領域の面積である [†1]。

　ここで重要な点は，$f(x)$ の原始関数 $F(x)$ が，一つだけには定まらない点である。実際，ある $f(x)$ の原始関数を計算すると，見た目の異なる二つの関数 $F_1(x)$, $F_2(x)$ が求まることがしばしばある [†2]。

原始関数は一つじゃない。無限にたくさん存在する。

例 9.2　つぎの $F_1(x)$ と $F_2(x)$ は，どちらも $f(x) = x + 1$ の原始関数である。

$$F_1(x) = \frac{(x+1)^2}{2}, \quad F_2(x) = \frac{x^2}{2} + x \tag{9.22}$$

　例 9.2 で述べられたことを証明するには，単に両者を x で微分すればよい。実際に計算すると

$$\frac{dF_1(x)}{dx} = \frac{2(x+1)}{2} = x + 1 = f(x), \tag{9.23}$$

$$\frac{dF_2(x)}{dx} = \frac{2x}{2} + 1 = x + 1 = f(x) \tag{9.24}$$

となる。確かに $F_1(x)$ も $F_2(x)$ も，微分すると $f(x)$ になる。　　◀

[†1]　厳密にいうと，ここでいう「面積」は，$f(x)$ の原始関数ではなく $f(x)$ の「不定積分」と呼ぶべき量である。一般に不定積分とは，定積分 $\int_a^x f(t)dt$ の上端 x を変数，かつ下端 a を任意の定数とみなした場合 (つまり定積分が x の関数となる場合) を指す用語である。多くの場合，$f(x)$ の原始関数と $f(x)$ の不定積分は一致するので，この二つの用語を区別する必要はない。ただし $f(x)$ が特殊な振る舞いをする場合 (例えば，すべての x で不連続な場合など) では，その原始関数と不定積分が一致しないことがあるので，その場合はこの二つの用語を区別する必要がある。ちなみに本書では，この二つが常に一致するような単純な関数 $f(x)$ だけを扱うので，二つの用語を区別なく扱うことにする。

[†2]　そうした場合は，$F_1(x)$ と $F_2(x)$ は，ある定数分 C だけ違って $F_2(x) = F_1(x) + C$ という関係で結ばれている。

では逆に，$f(x)$ を x で積分したら，$F_1(x)$ と $F_2(x)$ のどちらになるのだろうか？ じつは，どちらにもなりえるのである。

まず，$f(x)$ の積分が $F_1(x)$ になる場合を紹介しよう。それには

$$\frac{d}{dx}(x+1)^2 = 2(x+1) \tag{9.25}$$

という等式に注目して，この両辺を x で積分すればよい。すると

$$(x+1)^2 = \int 2(x+1)dx \tag{9.26}$$

となる。この両辺を 2 で割り，左辺と右辺を交換すれば

$$\int (x+1)dx = \frac{(x+1)^2}{2} = F_1(x) \tag{9.27}$$

となる。得られた式を見ると，確かに $f(x) = x+1$ の積分が $F_1(x)$ になっている。

つぎに，$f(x)$ の積分が $F_2(x)$ になる場合を紹介しよう。それには

$$\int xdx = \frac{x^2}{2}, \quad \int dx = x \tag{9.28}$$

という二つの式を用いればよい。これらの辺々をたすと

$$\int (x+1)dx = \frac{x^2}{2} + x = F_2(x) \tag{9.29}$$

となり，確かに $f(x) = x+1$ の積分が $F_2(x)$ になっている。

なにやら不思議に見えるかもしれないが，じつは $F_1(x)$ と $F_2(x)$ のどちらも $f(x)$ の原始関数なのは，あたりまえなのだ。なぜなら

$$F_1(x) = \frac{(x+1)^2}{2} = \frac{x^2 + 2x + 1}{2} = \frac{x^2}{2} + x + \frac{1}{2}$$

$$= F_2(x) + \frac{1}{2} \tag{9.30}$$

という式からわかるとおり，$F_1(x)$ と $F_2(x)$ は定数 1/2 だけしか違わない。よって，式 (9.30) の最初と最後の項をそれぞれ x で微分すれば，両者の差である 1/2 は消えて

$$\frac{d}{dx}F_1(x) = \frac{d}{dx}F_2(x) \tag{9.31}$$

となる。この左辺と右辺が，ようするに $f(x)$ なのである。

このように，$f(x)$ の原始関数 $F(x)$ がただ一つに定まらない事実は，不定積分を計算したときに現れる積分定数が，ある特定の一つの値には定まらないことと関係している。その詳細を，次節で説明しよう。

9.5　積分定数がどんな値でもよいわけ

9.3 節の議論で面積 $S(x)$ を定義したとき，C の値を「どんな実数でもよい」とした点に注意しよう。C がどんな実数でもいい理由は，式 (9.15) において $S(x+h)$ と $S(x)$ の引き算をした時点で，C の効果は消えてしまうからである。実際，図 9.9 からわかるとおり，$S(x+h) - S(x)$ という面積の値は C と無関係に定まる。

ただし $S(x)$ のもともとの定義 (図 9.8) が示すとおり，C の値が変われば，$S(x)$ の値自体は変わるはずである。このように，C の値の選び方次第で，$S(x)$ が (つまり $F(x)$ が) 変わってしまうという事実は，原始関数 $F(x)$ の「不定性」を暗に意味している。すなわち，ある関数 $f(x)$ の原始関数は，一つだけとは限らないのである。もし $F(x)$ が $f(x)$ の原始関数なら，それに任意の定数 C を加えた $F(x) + C$ も，やはり $f(x)$ の原始関数となる[†]。

そこで，与えられた関数 $f(x)$ を逆微分してその原始関数 $F(x)$ を求める際には，さまざまな値 C の可能性をすべて含める意味で

$$\int f(x)dx = F(x) + C \tag{9.32}$$

というように表記する。式 (9.32) の右辺の $F(x) + C$ を，$f(x)$ の不定積分と呼ぶ。また，(任意) 定数 C を積分定数と呼ぶ。

[†]　原始関数の意味を思い返せば，これは自明であろう。$F(x)$ が $f(x)$ の原始関数である，という言葉の意味は，$F'(x) = f(x)$ であった。もしそうなら，$F(x)$ に定数 C を足してできる新しい関数 $F(x) + C$ も，$[F(x) + C]' = f(x)$ という関係を満たすので，やはり $f(x)$ の原始関数である。

ただし，不定積分の計算をする際に，いちいち $+C$ と書くことを控えるという流儀もある。もしそのような省略記法で

$$\int f(x)dx = F(x) \tag{9.33}$$

と書いてあったら，ここでの記号 "=" は，本来の等号 (つまり左辺と右辺の値が完全に一致することを表す記号) ではない。そうではなくて，「左辺が意味するさまざまな量のうち，ある特定の一つを右辺で表す」ことを示す記号だと解釈すべきなのだ。

9.6 不定積分と定積分

ここまで述べたとおり

$$[F(x)]' = f(x) \tag{9.34}$$

を満たす関数 $F(x)$ を，$f(x)$ の原始関数と呼ぶ。ただし，原始関数は一つだけには決まらない。もし $F(x)$ が $f(x)$ の原始関数なら

$$F(x) + 3 \quad も \quad F(x) + \log 2 \quad も \quad F(x) - e^5 \quad も$$

すべて $f(x)$ の原始関数である。なぜなら，定数は微分すると 0 なので

$$[F(x) + 3]' = [F(x)]' = f(x) \tag{9.35}$$

$$[F(x) + \log 2]' = [F(x)]' = f(x) \tag{9.36}$$

$$[F(x) - e^5]' = [F(x)]' = f(x) \tag{9.37}$$

となり，確かに三つすべて $f(x)$ の原始関数であることがわかる。こうした無数に存在する原始関数の集団を，ひとまとめにして

$$F(x) + C \tag{9.38}$$

と書こう。この $F(x) + C$ を，$f(x)$ の不定積分と呼ぶ。

不定積分とは，無数にある原始関数の集団を指す。

また，上とは別に，式 (9.39) のような式も考える。

$$F(b) - F(a) \tag{9.39}$$

これは，$f(x)$ の (ある一つの) 原始関数 $F(x)$ に対して，$x = b$ と $x = a$ を代入したときの差である。この式 (9.39) で表される $F(b) - F(a)$ を，$f(x)$ の定積分という。

式 (9.38) と式 (9.39) で定義された量は，それぞれ $f(x)$ および $\int dx$ という記号を用いて以下のように表記される。

$$F(x) + C = \int f(x)dx \tag{9.40}$$

$$F(b) - F(a) = \int_a^b f(x)dx \tag{9.41}$$

9.7   積分に関するいくつかの注意

以下に積分に関する注意をいくつか示す。

1) 不定積分 $F(x)+C$ は，<u>x の関数</u>であり，定積分 $F(b)-F(a)$ は，<u>ただの数である</u>[†]。例えば $f(x) = x$ に対して，その原始関数の一つを $F(x) = x^2/2$ に選ぶと

$$f(x) \text{ の不定積分} = F(x) + C = \frac{x^2}{2} + C \tag{9.42}$$

$$f(x) \text{ の定積分} = F(b) - F(a) = \frac{b^2}{2} - \frac{a^2}{2} \tag{9.43}$$

である。これらの式から，明らかに前者は x の関数だし，後者は (a と b の値できまる) 定数である。

これとまったく同じことを，積分の記号 $\int dx$ を用いて表現すると，つぎのように表せる。

[†]　正確には，a と b の値によってその値がただ一つに定まる数である。

$$f(x) \text{ の不定積分} = \int x dx = \frac{x^2}{2} + C \tag{9.44}$$

$$f(x) \text{ の定積分} = \int_a^b x dx$$

$$= \left(\frac{b^2}{2} + C \right) - \left(\frac{a^2}{2} + C \right) = \frac{b^2}{2} - \frac{a^2}{2} \tag{9.45}$$

こちらの表現でも，確かに式 (9.44) は x の関数，式 (9.45) は a と b で決まる数とわかる。

2) 定積分 $F(b) - F(a)$ の値は，原始関数の選び方と関係なく，ただ一つに決まる。例えば，$f(x) = x$ の原始関数を $F(x) = x^2/2$ から $G(x) = (x^2 + 2)/2$ に選び直しても

$$f(x) \text{ の定積分} = \left(\frac{b^2 + 2}{2} + C \right) - \left(\frac{a^2 + 2}{2} + C \right) = \frac{b^2}{2} - \frac{a^2}{2} \tag{9.46}$$

となり，式 (9.45) の値と式 (9.46) の値は変わらない。

3) 定積分を記号 $\int dx$ で表したとき

$$\int_a^b f(x) dx \quad \text{と} \quad \int_a^b f(u) du \quad \text{と} \quad \int_a^b f(t) dt \quad \text{は}$$

すべて同一の数を意味する。つまり積分変数をどんな記号にとり代えても，定積分の値は変わらない。

9.8 手で解ける積分の例

基本的な初等関数に関する微分・積分の公式を，以下にまとめる。前節で注意を与えたとおり，右欄に示した原始関数は唯一の形ではなく，「無限にありえる原始関数の一つ」であることに注意されたい。

$$(x^{a+1})' = (a+1)x^a \qquad \int x^a dx = \frac{x^{a+1}}{a+1} \quad (\text{ただし } a \neq -1)$$

$$(\log|x|)' = x^{-1} \qquad \int x^{-1} dx = \log|x|$$

$$(e^x)' = e^x \qquad \int e^x dx = e^x$$

$$(a^x)' = a^x \log a \qquad \int a^x dx = \frac{a^x}{\log a}$$

$$(\sin x)' = \cos x \qquad \int \cos x \, dx = \sin x$$

$$(\cos x)' = -\sin x \qquad \int \sin x \, dx = -\cos x$$

$$(\tan x)' = \frac{1}{\cos^2 x} \qquad \int \frac{1}{\cos^2 x} dx = \tan x$$

双曲線関数 $\sinh x, \cosh x, \tanh x$ については，以下の公式が成り立つ．特に下記の 2 行目では，符号の反転がないことに注意せよ (逆に，三角関数 $\sin x, \cos x$ の場合には，微分・積分することで符号が反転することを思い出そう)．

$$(\sinh x)' = \cosh x \qquad \int \cosh x \, dx = \sinh x$$

$$(\cosh x)' = \sinh x \qquad \int \sinh x \, dx = \cosh x$$

$$(\tanh x)' = \frac{1}{\cosh^2 x} \qquad \int \frac{1}{\cosh^2 x} dx = \tanh x$$

逆三角関数 $\arcsin x, \arccos x, \arctan x$ については以下のとおりである．

$$(\arcsin x)' = \frac{1}{\sqrt{1-x^2}} \qquad \int \frac{1}{\sqrt{1-x^2}} dx = \arcsin x$$

$$(\arccos x)' = \frac{-1}{\sqrt{1-x^2}} \qquad \int \frac{-1}{\sqrt{1-x^2}} dx = \arccos x$$

$$(\arctan x)' = \frac{1}{1+x^2} \qquad \int \frac{1}{1+x^2}dx = \arctan x$$

ちなみに, $(\arcsin x)'$ と $(\arccos x)'$ の式は, たがいに符号が違うだけであることに注意しよう。したがって, $1/\sqrt{1-x^2}$ の不定積分は $\arcsin x$ と $-\arccos x$ という 2 通りの方法で表すことができる†。

コーヒーブレイク

　数学にまつわる迷信の一つに, つぎのようなものがある。

　　「数学ができる人は, 頭がよい」

　この迷信のおかげで, 数学の問題をサッと解ける人は, クラスの中で鼻高々だったりする。数学が得意だというのはもちろん結構なことだが, 別にそれは, マンガを描くのが好きだったり, ギターを弾くのがうまかったりするのと, 大して変わらない。周りが特別にチヤホヤするようなことではないのである。

　頭がよいとか悪いとか, すぐ問題を解けた人は偉いとか, いつまでも解けない人は鈍いとか。そういう心理的ヒエラルキーに怯える人たちのドロッとした感情が, 数学というものをいわゆる「ムズカシイモノ」に仕立て上げてしまっている気がするのだ。

　なにかを新しく学ぶというのは, (数学に限らず) 簡単なことではないだろう。でもそれは, それができたからって, 人としての優劣が生じる話ではない。学んで肌に合うことなら, 自分の好きなように深めていけばよい。そうでないなら, 少し距離をおいたっていい。そういう気ままな気持ちで構えるほうが, かえって学ぶ楽しさに触れることができるんじゃないだろうか？ 高校以前では難しいだろうが, せめて大学にいる間は, そうあってほしいと切に願う。

9.9　$1/x$ の積分に絶対値がつくわけ

本節では, 特に式 (9.47) の不定積分に注目しよう。

---

†　ここで $\arcsin x$ と $-\arccos x$ は, たがいにまったく異なる関数のようにも見えるかもしれない。しかし実際は, これらは単に定数 $\pi/2$ だけしか違わない。なぜなら, 任意の実数 x に対して, $\arcsin x + \arccos x = \pi/2$ が成り立つからである (第 3 章の章末問題 **【10】**を参照)。

$$\int \frac{1}{x} dx = \log |x| + C \tag{9.47}$$

式 (9.47) の右辺には，絶対値の記号 | | が現れる。ほかの積分公式にはでて こないのに，なぜ $1/x$ を積分したときにだけ絶対値の記号が必要になるの か，疑問に思ったことはないだろうか？

ここで絶対値を付けなければならない理由は，対数関数 $\log x$ の変数 x が 必ず正でなければならないのに対して，関数 $1/x$ の変数 x は正でも負でも よいためである。このように，x の動ける範囲が $\log x$ と $1/x$ とで異なるた め，それらを 1 本の式で結ぶには，絶対値の記号を使ってつじつまを合わせ るしかないのである。

以下でもっと丁寧に説明しよう。まず，$\log x$ という関数を考える (図 **9.12**)。 この関数の定義域は $x > 0$ である。また，この関数を微分すると $1/x$ になる (5.5 節を参照)。つまり

$$x > 0 \quad \text{のとき} \quad [\log x]' = \frac{1}{x}$$

この両辺の不定積分をとると

$$x > 0 \quad \text{のとき} \quad \log x + C = \int \frac{1}{x} dx \tag{9.48}$$

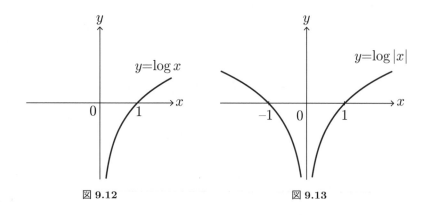

図 **9.12**   図 **9.13**

　ここまでの議論では，x の動く範囲を $x > 0$ に限定している。よって，式 (9.48) の左辺の x には，絶対値の記号を付ける必要はない。

　つぎに，$\log |x|$ という関数を考えよう (図 **9.13**)。$\log |x|$ の定義域は，$x = 0$ を除くすべての実数である。つまり，x が負の場合も定義域に含まれる。この点が，$\log x$ とは大きく違う点である。

　さて，$\log |x|$ を x で微分するには，以下のような場合分けが必要となる†。

$$x > 0 \quad \text{のとき} \quad \Bigl[\log |x|\Bigr]' = \Bigl[\log x\Bigr]' = \frac{1}{x} \tag{9.49}$$

$$x < 0 \quad \text{のとき} \quad \Bigl[\log |x|\Bigr]' = \Bigl[\log(-x)\Bigr]' = \frac{(-x)'}{(-x)} = \frac{1}{x} \tag{9.50}$$

ここで，式 (9.50) の計算では，式 (9.51) のような合成関数の微分の方法を用いたことに注意しよう。

$$\frac{d\log(-x)}{dx} = \frac{d\log(-x)}{d(-x)} \cdot \frac{d(-x)}{dx} = \frac{1}{(-x)} \times (-1) = \frac{1}{x} \tag{9.51}$$

式 (9.49) と式 (9.50) の結果からわかるとおり，じつは $\log |x|$ の微分は，x の正負にかかわらず，常に $1/x$ と書ける。したがって

$$x = 0 \quad \text{を除くすべての実数 } x \text{ で} \quad \Bigl[\log |x|\Bigr]' = \frac{1}{x} \tag{9.52}$$

式 (9.52) の両辺の不定積分をとると

$$x \neq 0 \quad \text{で} \quad \log |x| + C = \int \frac{1}{x} dx \tag{9.53}$$

となる。

　以上の二つの結論をまとめると

---

† 　場合分けが必要な理由は，$x > 0$ と $x < 0$ では，対数関数 $\log |x|$ の式の形が変わる点にある。特に $x < 0$ の場合は，$\log |x|$ と $\log x$ が同じ関数ではないので，$\log |x|$ を x で微分することと，$\log x$ を x で微分することは，同じではないのである。

$$\int \frac{1}{x}dx = \begin{cases} \log|x| + C & (x \neq 0) \\ \log x + C & (x > 0) \end{cases} \qquad (9.54)$$

このように，x の動く範囲によって，絶対値の記号が必要か否かが決まる。どちらの式も正しいのだが，公式としてはなるべく x の広い範囲で通用するほうがうれしいので，絶対値付きの式が紹介されることのほうが多いのである。

$$\int \frac{dx}{x} = \log|x| + C \quad \text{は 常に正しい。}$$

$$\int \frac{dx}{x} = \log x + C \quad \text{は } x > 0 \text{ でだけ正しい。}$$

別の言い方をすると，もし $\int (1/x)dx$ の積分範囲に負の領域が含まれていたとしたら，必ず絶対値の付いた式のほうを使わなければならない。この点をよく理解するには，例 9.3 を見ればよいだろう。

例 9.3 $\displaystyle\int_{-2}^{-1} \frac{1}{x}dx$ を求めよ。

【解説】   この定積分が効いているのは，図 9.14 に示した斜線部の面積に，マイナス符号を付けた数値である。

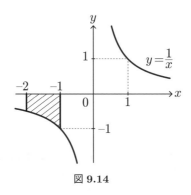

図 9.14

x の動く範囲が $x < 0$ に及んでいることに注意すると，$x < 0$ でも成り立つ「絶対値付き」の公式

$$\int \frac{1}{x}dx = \log|x| + C \tag{9.55}$$

を使う必要があることがわかる。実際に計算すると

$$\int_{-2}^{-1} \frac{1}{x}dx = \Big[\log|x| \Big]_{-2}^{-1} = \log 1 - \log 2 = -\log 2 \tag{9.56}$$

という値を得る [†1]。　　　　　　　　　　　　　　　　　　　　　　　◀

9.10　手で解けない積分の例

　前節までは，手計算で求まる不定積分の例を示した。しかし皮肉なことに，与えられた関数 $f(x)$ の不定積分を「手計算で」求めることのできる例は，じつは非常に少ない。一般には，手計算で求めることが「不可能」な場合のほうが，圧倒的に多いのである。

　例えば

$$\int \sin(\sin x)dx \quad や \quad \int \frac{\sin x}{\log x}dx$$

などの積分は，手計算で求めることができない。見た目だけでいえば，初等関数 ($\sin x$ や $\log x$ など) の組合せを積分するだけなので，どうにか手で計算できるように思える。しかし実際は，できないのである [†2]。

じつは，ほとんどの積分は，手で解けない。

[†1]　もし式 (9.56) の計算で

$$\int_{-2}^{-1} \frac{1}{x}dx = \Big[\log x \Big]_{-2}^{-1} = \log(-1) - \log(-2)$$

としてしまうと，対数の真数が負になるという，おかしなことが起きてしまう。

[†2]　もっと見た目がシンプルな，$\sin x/x$，e^x/x なども，初等関数の範囲では積分することができない。また，$\sqrt{x^3+1}$ や $\sqrt{x^4-x+1}$ のように，根号 $\sqrt{}$ の中が 3 次以上の多項式である場合も，そのほとんどは積分できない。

では，手計算で解けない積分を扱うには，どうしたらよいか。こうした場合にとるべき手法は，大きく二つある。

一つは，第8章で学んだ「関数の展開」を用いる方法である。複雑な関数を多項式の形にできれば，その積分はとても簡単になる。

例9.4　関数の展開を用いて，$\displaystyle\int_0^1 e^{-\frac{x^2}{2}}\,dx$ の近似値を求めよ (図**9.15**)[†]。

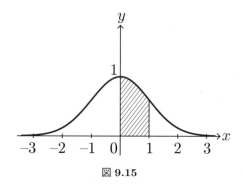

図 **9.15**

【解説】　関数 e^x を $x=0$ の周りで展開すると

$$e^x = 1 + x + \frac{x^2}{2} + \cdots \tag{9.57}$$

ここで x を $-x^2/2$ に置き換えれば，関数 $e^{-\frac{x^2}{2}}$ の4次の近似多項式

$$e^{-\frac{x^2}{2}} = 1 + \left(-\frac{x^2}{2}\right) + \frac{1}{2}\cdot\left(-\frac{x^2}{2}\right)^2 + \cdots \simeq 1 - \frac{x^2}{2} + \frac{x^4}{8} \tag{9.58}$$

を得る。式 (9.58) の最左辺と最右辺を x で0から1まで積分すると

$$\int_0^1 e^{-\frac{x^2}{2}}\,dx \simeq \left[x - \frac{x^3}{6} + \frac{x^5}{40}\right]_0^1 = \frac{103}{120} \tag{9.59}$$

◀

[†]　ここで用いた $e^{-\frac{x^2}{2}}$ は，ガウス関数と呼ばれており，統計学や確率論を扱う際には頻繁に登場する関数である。ガウス関数の原始関数は，初等関数 (x^n や $\sin x$ や e^x など) で表すことができないことが知られている。つまり例9.4で扱っているのは，手計算で解けない積分の典型例の一つなのである。

　手計算で解けない積分を扱うためのもう一つの方法は，コンピュータを使って数値的に計算する方法である。つまり，9.2 節で述べた区分求積法に従って，$f(x)$ の不定積分に対応する図形の面積を細かいタイルに分割し，そのタイルの面積の総和を数値的に計算する方法である。ここではその詳細には立ち入らないが[†1]，とにかく積分という作業が微分のそれよりも圧倒的に難しいという事実は，知っておいて損がない[†2]。

┌─── コーヒーブレイク ───

　時速 100km で走るチーター，自分の体重の数十倍のものを持ち上げるアリ，数百キロ離れた仲間と会話するクジラ ……。野生の動物たちの能力には，ただただ驚くばかりである。彼らに比べると，私たち人間のなんと無力なことか。ついそんな風に，ヒトの能力を卑下してしまうかもしれない。

　じつは，さほど卑下することもないのだ。身体能力の「バリエーション」にかけては，ヒトは群を抜いてトップクラスなのである。

　野生動物が得意なのは，ごく特殊なことだけに限られる。なぜなら彼らの能力は，進化の過程を通じて，特定の生存環境で競争相手よりも優位に立てるよう，洗練された結果だからである。ところがヒトはそうではない。私たちは，100 メートルを 10 秒以下で走ったり，自分よりも数倍重いものを持ち上げたり，自分より高い障害物を飛び越えたり，マラソンを走ったり，宙返りをしたり，自転車や馬に乗ったり，野生動物よりもはるかに多彩なことができる。つまりヒトの身体能力は，群を抜いて「幅が広い」のである。

　特定の基準だけを見て，自分が劣っていると勘違いするのはよくない。私たち人間は，多くの能力を使いこなすという点では，地球上で最強なのだ。

[†1]　興味をもった読者は，「台形公式」や「シンプソンの公式」などのワードで検索すれば，すぐに関連情報を見つけることができる。

[†2]　どんなに複雑な関数を与えられても，その「微分」は大抵まる。すなわち，合成関数の微分などの手法を用いれば，大抵の関数は手計算で微分できる。しかし「積分」には，そのような役に立つ手法が非常に少ない。そのため，大抵は行き当たりばったりのやり方で計算する以外にないのである。

章 末 問 題

【1】 曲線 $y = x^2$ と，直線 $x = c\ (> 0),\ y = 0$ で囲まれた図形の面積を，区分求積法で求めよ。

【2】 9.8 節で示した初等関数の積分公式を用いて，つぎの関数の不定積分を求めよ。さらに，得られた結果を微分して，もとの関数に戻ることを確かめよ。

(1)　x^3　　　(2)　$\sqrt{x}$　　　(3)　$\sqrt[3]{x}$　　　(4)　$3x^4 - 2x^3$

(5)　$\sqrt{x}(x + 2)$　　　(6)　$\dfrac{1}{x}$　　　(7)　$\dfrac{1}{x^2}$　　　(8)　$\dfrac{(1 + \sqrt{x})^2}{x}$

【3】 9.8 節で示した初等関数の積分公式を用いて，つぎの定積分を求めよ。

(1)　$\displaystyle\int_2^3 (x^2 - 5x + 6)dx$　　　(2)　$\displaystyle\int_1^4 \dfrac{1}{\sqrt{x}}$　　　(3)　$\displaystyle\int_{-1}^1 e^x dx$

(4)　$\displaystyle\int_{\frac{\pi}{3}}^{\frac{\pi}{2}} \cos x\, dx$　　　(5)　$\displaystyle\int_0^{\frac{\pi}{2}} \sin x\, dx$　　　(6)　$\displaystyle\int_{-2}^1 (2x + 1)^2 dx$

(7)　$\displaystyle\int_0^{\pi/3} \dfrac{dx}{\cos^2 x}$　　　(8)　$\displaystyle\int_0^{\log 2} \sinh x\, dx$　　　(9)　$\displaystyle\int_0^2 3^x\, dx$

(10)　$\displaystyle\int_{1/2}^2 \dfrac{dx}{x}$　　　(11)　$\displaystyle\int_{-\log 3}^{\log 3} \cosh x\, dx$

(12)　$\displaystyle\int_{-1}^1 \dfrac{dx}{\sqrt{1 - x^2}}$　　　(13)　$\displaystyle\int_{-1}^1 \dfrac{dx}{1 + x^2}$

【4】 $f(x) = \dfrac{x - 3}{(x - 1)(x - 2)}$ とする。

(1)　$f(x) = \dfrac{A}{x - 1} + \dfrac{B}{x - 2}$ を満たす定数 A と B を求めよ。

(2)　$f(x)$ の不定積分を求めよ。

(3)　得られた結果を x で微分すると，もとの与えられた $f(x)$ に戻ることを示せ。

【5】　$f(x) = \dfrac{3x^2 + 3}{(x+2)(x^2-1)}$ とする。

(1)　$f(x) = \dfrac{A}{x+2} + \dfrac{B}{x-1} + \dfrac{E}{x+1}$ を満たす定数 A, B, E を求めよ。

(2)　$f(x)$ の不定積分を求めよ。

(3)　得られた結果を x で微分すると，もとの与えられた $f(x)$ に戻ることを示せ。

【6】　関数の展開を用いて，つぎの定積分の近似値を，小数点以下 3 けたまでの精度で求めよ。

(1)　$\displaystyle\int_0^1 \sin\left(x^2\right) dx$　　　(2)　$\displaystyle\int_0^1 \cos\left(x^2\right) dx$

【7】　関数の展開を用いて，つぎの定積分の近似値を，小数点以下 3 けたまでの精度で求めよ。

(1)　$\displaystyle\int_0^1 \dfrac{\sin x}{x} dx$　　　(2)　$\displaystyle\int_0^1 \dfrac{1 - \cos x}{x} dx$

【8】　$f(x) = x^2 + \displaystyle\int_0^2 f(t) dt$ を満たす $f(x)$ を求めよ。

※ヒント：右辺の第 2 項は定数であることに注意せよ。

【9】　$f(x) = \dfrac{\sin^2 x}{1 + e^{-x}}$ とする。つぎの誘導に従い，$\displaystyle\int_{-\frac{\pi}{2}}^{\frac{\pi}{2}} f(x) dx$ を計算せよ。

(1)　$\dfrac{1}{1 + e^{-x}} + \dfrac{1}{1 + e^x} = 1$ を示せ。

(2)　$f(x) + f(-x)$ を求めよ。

(3)　不定積分 $\displaystyle\int \left\{ f(x) + f(-x) \right\} dx$ を求めよ。

(4)　定積分 $\displaystyle\int_{-\frac{\pi}{2}}^{\frac{\pi}{2}} f(x) dx$ を求めよ。

第 10 章　　初等関数の積分

　本章では，やや複雑な関数を積分するための計算テクニックと，具体的な幾何学量の計算 (面積，体積など) を行う。

10.1　置　換　積　分

　置換積分とは，積分の変数 (普通は x) を別の新しい変数 (例えば u など) に置き換えることで，積分計算を簡単にする方法である。例えば

$$I = \int \cos^2 x \sin x dx \tag{10.1}$$

という積分を考えよう。もし $\int dx$ の中がただの $\cos x$ や $\sin x$ であれば，素の積分はすぐに求めることができる。しかし $\cos^2 x \ \sin x$ という関数を一気に積分する方法を，普通の私たちは知らない。そこで，(天下りではあるが) $u(x) = \cos x$ とおき，式 (10.1) の右辺を x ではなく u だけの式に書き換えることを考えるのである†。

　まず

$$\int \underset{\sim\sim\sim\sim}{\cos^2 x} \ \underline{\sin x dx} \tag{10.2}$$

の波線部 $\underset{\sim\sim\sim\sim}{\cos^2 x}$ は，$u(x) = \cos x$ という関数を新たに用いると

---

†　なぜそんな書き換えをしたいのかというと，積分の計算が簡単になるからである。式 (10.7) を見ると，その理由がわかる。

$$\cos^2 x = u^2 \tag{10.3}$$

という u だけの式に書き換えることができる。

つぎに，残りの部分 (二重下線部) を u だけの式にするためには，以下の
ようなトリックを使う。まず，$u(x) = \cos x$ の両辺を x で微分すると

$$\frac{du}{dx} = -\sin x \quad \text{つまり} \quad \sin x = -\frac{du}{dx} \tag{10.4}$$

となる。この結果と式 (10.3) を式 (10.1) に代入すると

$$\int (\cos x)^2 \sin x dx = \int u^2 \left(-\frac{du}{dx} \right) dx \tag{10.5}$$

ここで，右辺に現れた du/dx を，形式的に「分数」だとみなそう。さらに，
末尾の dx を，形式的に (x や u と同じような) 変数だとみなそう。すると

$$\frac{du}{dx}\,dx = du \tag{10.6}$$

というように，dx を形式的に「約分」できる。この結果を式 (10.5) に代入
すれば

$$\begin{aligned}
\int (\cos x)^2 \sin x dx &= \int u^2 \left(-\frac{du}{dx} \right) dx \\
&= -\int u^2 \frac{du}{dx}\,dx = -\int u^2 du
\end{aligned} \tag{10.7}$$

となる。これで，もともとは x の積分であった式を，u の積分の式に置き換
えることができた。

ここで，式 (10.7) の最左辺 (x の積分) と，最右辺 (u の積分) を比べてみ
よう。前者では，複数の三角関数の組合せを積分する必要があり，すぐには
計算手法が思いつかない。一方，後者では単に u^2 を u で積分するだけだか
ら，すぐに答えが見つかる。このように，もとの積分変数 (いまの場合は x)
を，別の積分変数 (いまの場合は u) に置き換えることで，積分を簡単にする
方法を，置換積分の方法と呼ぶ (図 **10.1**)。

置換積分とは・・・

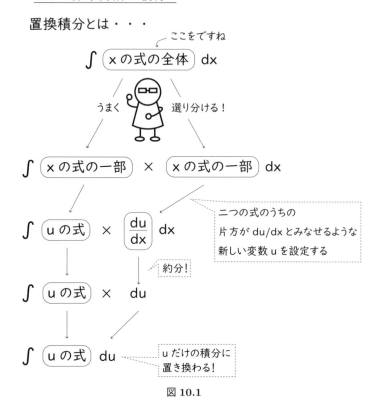

図 10.1

ただし重要な注意点がある。式 (10.7) の計算過程で現れた du/dx は，本来は分数ではない。この記号は，$u(x)$ の導関数を意味したものである。したがって本来は，式 (10.6) のような操作は許されないはずである。しかしこの置換積分を行う際は，あくまで形式的に，式 (10.6) のような変形が許されると約束するのである。

なぜそんな形式的な変形が許されるのか？ その理由は合成関数の微分の考え方を用いて，説明することができる。その説明は次節へ後回しにするとして，ひとまず最後まで計算を進めよう。

ここまでに得た式 (10.7) の最右辺は，単に u の関数 (つまり u^2) を，積分定数 u で積分することを意味している。この積分は容易に計算できて

$$I = -\int u^2 du = -\frac{1}{3}u^3 + C \quad (C \text{ は積分定数}) \tag{10.8}$$

ただしもともとの問いでは，積分変数が x だったので，最終的な答えも x だけの式で表現したい。そこで，$u = \cos x$ を代入して式 (10.8) を x の式に戻してやると

$$I = -\frac{1}{3}(\cos x)^3 + C \tag{10.9}$$

これが最終的な答えである。

　要するに置換積分とは，変数を x から u に置き換えて，計算を楽にする手法なのである。そこでは形式的な微分

$$\frac{du}{dx}dx = du \tag{10.10}$$

が式の中に現れるよう，新しい変数 u を選ぶのがポイントである[†]。

　例 10.1　置換積分の手法を用いて $I = \displaystyle\int \frac{\cos\sqrt{x}}{\sqrt{x}}dx$ を計算せよ。

【解説】　$u = \sqrt{x}$ とおくと

$$\frac{du}{dx} = \frac{1}{2\sqrt{x}} \quad \text{すなわち} \quad \frac{1}{\sqrt{x}} = 2\frac{du}{dx} \tag{10.11}$$

よって

$$I = \int (\cos\sqrt{x}) \cdot \frac{1}{\sqrt{x}}dx = \int (\cos u) \cdot \left(2\frac{du}{dx}\right)dx$$

$$= \frac{1}{2}\int \cos u\, du = \frac{1}{2}\sin u + C = \frac{1}{2}\sin\sqrt{x} + C \tag{10.12}$$

◀

[†]　ただし，言うは易く行うは難し，である。置換積分に都合のよい変数 u の選び方は，問題によりけりなので，こうすれば必ず最善の変数が見つかる，といった処方箋はない。問題ごとに変数 u の見つけ方が違うのだ。とはいえ，置換積分で解ける積分の問題のパターンは，そんなに多くない。だから，たくさんの練習問題を解いて「慣れてしまう」のが，一番の近道だと思う。

10.2　形式的な約分 $(du/dx)dx = du$

ここまで説明したとおり，置換積分を行うには，積分 $\int f(x)dx$ を

$$\int f(x)dx = \int f(u)\frac{du}{dx}dx \tag{10.13}$$

と変形できるような，都合のよい別の変数 u を見つける必要がある。そのうえで，式 (10.13) の右辺を形式的に約分して

$$\int f(x)dx = \int f(u)\frac{du}{dx}dx = \int f(u)du \tag{10.14}$$

と変形し，u だけの式にするのである。もし $\int f(x)dx$ の計算が難しくても，$\int f(u)du$ の計算が簡単であれば，後者を解くことでほしかった解が求まる。

　ではいったい，どうして式 (10.14) のような形式的な約分が許されるのか？その理屈は以下のとおりである。

　いま，f の原始関数 (の一つ) を F とおこう[†1]。すると

$$\frac{dF(x)}{dx} = f(x) \quad \text{かつ} \quad \frac{dF(u)}{du} = f(u) \tag{10.15}$$

が成り立つ[†2]。式 (10.15) は，x と u がたがいに関係していようがしていまいが，常に成り立つ。そして特に，u が x と関係している (つまり u が x の関数である) 場合を考えると，合成関数の微分の方法により

$$\frac{dF(u)}{dx} = \frac{dF(u)}{du} \cdot \frac{du}{dx} = f(u)\frac{du}{dx} \tag{10.16}$$

ここで式 (10.16) の最右辺と最左辺を x で積分すると

[†1]　ここでわざわざ，「(の一つ)」と断り書きをした点に注意。なぜなら，一般に，ある関数 f の原始関数は，無数に存在するからである (9.5 節を参照)。

[†2]　式 (10.15) の時点では，左と右の式はなんの関係もない。例えば，$F(x) = x^3$ ならば $f(x) = 3x^2$。また，$F(u) = \sin u$ ならば $f(u) = \cos u$。これらの結果は，u と x がたがいに関係していようが関係していまいが，常に成り立つ。

$$\int \frac{dF(u)}{dx}dx = \int f(u)\frac{du}{dx}dx \tag{10.17}$$

式 (10.17) の左辺では，$F(u)$ を x で微分したものを，x で積分している。つまり，微分した直後に積分しているのだから，けっきょくもとの $F(u)$ に戻るであろう。したがって

$$F(u) = \int f(u)\frac{du}{dx}dx \tag{10.18}$$

さらに式 (10.18) の左辺の $F(u)$ は，$f(u)$ の不定積分として表せるので

$$\int f(u)du = \int f(u)\frac{du}{dx}dx \tag{10.19}$$

こうして得られた式 (10.19) をよく見ると，確かに右辺の $(du/dx)dx$ を形式的に約分することで，左辺と等しくなることがわかる。本当は約分などしていないのだが，ここまで説明した理屈によって，あたかも約分しているかのような変形が許されるのである。

形式的な約分
$$\int f(u) \frac{du}{dx} \, dx = \int f(u)du$$
が正しい根拠は「合成関数の微分」にある！

10.3　置換積分の具体例

ここまでの置換積分では

$$\frac{du}{dx} \cdot dx \Rightarrow du \tag{10.20}$$

という形式的な約分を用いていた。これと少し違う手法として

$$dx = \boxed{\theta\,\text{の式}} \times d\theta \tag{10.21}$$

というように，dx の部分だけを別の変数 (うえの場合は θ) に置き換えるやり方もある。その具体例を例 10.2 に述べる。

例 10.2   置換積分を用いて $\int dx/(1+x^2)$ を求めよ。

【解説】 $x = \tan\theta$ とおくと

$$\frac{dx}{d\theta} = \frac{1}{\cos^2\theta} \tag{10.22}$$

ここで, dx と $d\theta$ を形式的に (x や θ と同じような) 変数とみなし, 式 (10.22) の両辺に $d\theta$ をかけると

$$dx = \frac{1}{\cos^2\theta}d\theta \tag{10.23}$$

これを用いて与式を θ の積分に書き換えると

$$\int \frac{1}{1+x^2}dx$$

$$= \int \left(\frac{1}{1+\tan^2\theta} \times \frac{1}{\cos^2\theta} \right) d\theta$$

$$= \int \left(\cos^2\theta \times \frac{1}{\cos^2\theta} \right) d\theta = \int d\theta = \theta + C$$

$$= \arctan x + C \quad (C \text{ は積分定数}) \tag{10.24}$$

◀

　置換積分の方法は, 定積分の計算にも適用できる。その際は, 積分の上端と下端も, 新しい定数 (に対応する値) で置き換える必要がある。

例 10.3   定積分 $I = \displaystyle\int_0^2 x(x^2+1)^3 dx$ を求めよ

【解説】 $u = x^2 + 1$ とおくと

$$\frac{du}{dx} = 2x \quad \text{なので} \quad x = \frac{1}{2}\frac{du}{dx} \tag{10.25}$$

これらの関係式を用いて, 与式の積分記号の右側にある x の式をすべて u の式に書き換えると

$$x(x^2 + 1)^3 dx = u^3 \cdot \left(\frac{1}{2}\frac{du}{dx}\right) dx = \frac{u^3}{2}du \tag{10.26}$$

また $u = x^2 + 1$ とおいたので

$$x = 0 \quad \text{のとき} \quad u = 1, \quad x = 2 \quad \text{のとき} \quad u = 5 \tag{10.27}$$

以上より

$$I = \int_1^5 \frac{u^3}{2}du = \left[\frac{u^4}{8}\right]_1^5 = \frac{625}{8} - \frac{1}{8} = 78 \tag{10.28}$$

◀

こうした置換積分の応用例の一つに，円の面積を求める問題がある。

例 10.4　半径 r の円の面積を，置換積分を用いて求めよ。

【解説】　　いま半径 r の円を $x^2 + y^2 = r^2$ と表す。この円の面積 S は，図 **10.2** で示した灰色部の面積を 4 倍したものである。したがって，曲線 $y = \sqrt{r^2 - x^2}$ の式を用いて

$$S = 4\int_0^r \sqrt{r^2 - x^2}dx \tag{10.29}$$

と書ける。

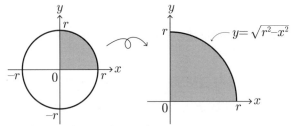

円の面積は灰色部の面積の 4 倍

図 **10.2**

ここで $x = r\cos\theta$ とおき，積分変数を x から θ へ置換することを考える。x が 0 から r まで動くとき，θ は $\pi/2$ から 0 まで動くことに注意しよう。また

$$r^2 - x^2 = r^2 - r^2 \cos^2 \theta = r^2 (1 - \cos^2 \theta) = r^2 \sin^2 \theta \tag{10.30}$$

より †

$$\sqrt{r^2 - x^2} = r \sin \theta \tag{10.31}$$

また，$x = r \cos \theta$ の両辺を θ で微分して

$$\frac{dx}{d\theta} = -r \sin \theta \quad つまり \quad dx = -r \sin \theta d\theta \tag{10.32}$$

式 (10.31)，式 (10.32) の結果を式 (10.29) に代入すると，S は

$$S = 4 \int_{\pi/2}^{0} r \sin \theta \times (-r \sin \theta) d\theta = 4r^2 \int_{0}^{\pi/2} \sin^2 \theta d\theta \tag{10.33}$$

と書き換えられる。あとは半角の公式

$$\sin^2 \theta = \frac{1 - \cos 2\theta}{2} \tag{10.34}$$

を使って積分を計算すると

$$S = \pi r^2 \tag{10.35}$$

を得る。　　　　　　　　　　　　　　　　　　　　　　　　　　　◀

10.4　部 分 積 分

　部分積分は，前節の置換積分と並んで，典型的な積分テクニックの一つである。

　部分積分とはなにかを説明するために，下に示す「積の微分」に注目しよう。一般に，二つの関数 $u(x)$ と $v(x)$ の積 uv の微分は

$$(uv)' = u'v + uv' \tag{10.36}$$

と書ける。この両辺を x で積分すると

---

†　いまは $0 \leqq \theta \leqq \pi/2$ なので，$\sin \theta \geqq 0$ であることがわかっている。なので，式 (10.31) の右辺に，絶対値の記号を付けて $r|\sin \theta|$ とする必要はない。

$$uv = \int (u'v)dx + \int (uv')dx \qquad (10.37)$$

ここで左右の項の一部を交換すると

$$\int (u'v)dx = uv - \int (uv')dx \qquad (10.38)$$

を得る。式 (10.38) を用いて，ある関数 $u'v$ の積分計算を簡単にする方法が，部分積分と呼ばれる方法である。

例 10.5 部分積分を用いて，$I = \displaystyle\int (x \sin x)\, dx$ を計算せよ。

与えられた積分 I は，式 (10.38) の左辺において

$$u'(x) = \sin x, \quad v(x) = x \qquad (10.39)$$

とおいたものに等しい。そして，このときは明らかに

$$u(x) = -\cos x, \quad v'(x) = 1 \qquad (10.40)$$

である [†]。そこで，式 (10.38) に従って I を変形すると

$$\begin{aligned} I &= \int \Big[(\sin x) \times x \Big] dx \\ &= (-\cos x) \times x - \int \Big[(-\cos x) \times 1 \Big] dx \\ &= -x \cos x + \sin x + C \quad (C \text{ は積分定数}) \qquad (10.41) \end{aligned}$$

◀

部分積分のポイントは，u と v の選び方にある。式 (10.38) の右辺第 2 項 $\displaystyle\int (uv')dx$ が，簡単に積分できるように，u と v をうまく選ぶ事が重要である。例 10.5 の場合では，この第 2 項が $\displaystyle\int (-\cos x)dx$ となるように，上手に u と v を選んでいる。

[†] $u'(x)$ から $u(x)$ を求めるとき，本来は積分定数 C を付ける必要がある。しかしここでは，その積分定数 (=任意定数) を，式 (10.41) の最後に生じる積分定数に含めてしまうと考えたため，式 (10.40) の段階では積分定数を省略した。

部分積分とは・・・

②微分!

$$\int f(x)g(x)dx = F(x)g(x) - \int F(x)g'(x)dx$$

①積分!

↑
マイナスに注意

例 10.6　部分積分を用いて，つぎの関数の不定積分を求めよ。

(1)　xe^x　　(2)　$\log x$

【解説】

(1) では，$(e^x)' = e^x$ に注意して

$$\int xe^x dx = \int (e^x)'x\,dx = e^x \cdot x - \int e^x (x)' dx$$

$$= e^x \cdot x - e^x + C = (x-1)e^x + C \qquad (10.42)$$

(2) では，$(x)' = 1$ に注意して

$$\int \log x\,dx = \int (x)' \log x\,dx = x \log x - \int x(\log x)' dx$$

$$= x \log x - \int dx = x \log x - x + C \qquad (10.43)$$

◀

10.5　部分積分の連続技

部分積分の方法で問題を解く場合，一回だけで答えが得られるとは限らない。同じ操作を何度も繰り返すことで，やっと答えが得られるケースもある。その例を二つ示す。

例 10.7 不定積分 $\displaystyle\int x^2 e^{-x} dx$ を求めよ。

【解説】 与式を I とおき，部分積分をすると

$$I = \int (-e^{-x})' x^2 dx = (-e^{-x})x^2 - \int (-e^{-x})(x^2)' dx$$

$$= -x^2 e^{-x} + 2\int e^{-x} x dx \tag{10.44}$$

さらにつづけて，右辺に残った積分の項に対して部分積分を行うと

$$-x^2 e^{-x} + 2\int e^{-x} x dx$$

$$= -x^2 e^{-x} + 2\left[(-e^{-x})x - \int (-e^{-x})(x)' dx \right]$$

$$= -x^2 e^{-x} - 2x e^{-x} - 2e^{-x} + C$$

$$= -(x^2 + 2x + 2)e^{-x} + C \tag{10.45}$$

◀

例 10.8 不定積分 $\displaystyle\int e^x \cos x dx$ を求めよ

【解説】 与式を I とおき，部分積分を 2 回すると

$$I = \int (e^x)' \cos x dx = e^x \cos x - \int e^x (-\sin x) dx$$

$$= e^x \cos x + \int e^x \sin x dx$$

$$= e^x \cos x + \left(e^x \sin x - \int e^x \cos x dx \right)$$

$$= e^x \cos x + e^x \sin x - \int e^x \cos x dx \tag{10.46}$$

式 (10.46) の最後の行を見ると，一番右にある積分の項が，与式とまったく同じ形であることがわかる。したがって

$$I = e^x \cos x + e^x \sin x - I \tag{10.47}$$

と書ける。さらに右辺の I を左辺に移動すると †

$$2I = e^x \cos x + e^x \sin x + C \tag{10.48}$$

最後に式 (10.48) の両辺を 2 で割って，右辺に現れる $C/2$ を新たに C と書き直すと

$$I = \frac{1}{2} e^x (\cos x + \sin x) + C \tag{10.49}$$

◀

章 末 問 題

【1】 置換積分を使って，つぎの積分を求めよ。

(1) $\displaystyle\int 2x \cos(x^2) dx$ （ただし $u = x^2$ とおけ）

(2) $\displaystyle\int \frac{x^3}{(2x^4+7)^2} dx$ （ただし $u = 2x^4 + 7$ とおけ）

(3) $\displaystyle\int \frac{e^x}{2+e^x} dx$ （ただし $u = e^x$ とおけ）

(4) $\displaystyle\int \frac{(\log x)^3}{x} dx$ （ただし $u = \log x$ とおけ）

【2】 置換積分を用いて，つぎの等式を示せ。

(1) $\displaystyle\int_0^{\pi/4} \tan\theta d\theta = \frac{\log 2}{2}$

(2) $\displaystyle\int_0^{\pi/2} (\sin\theta)^n \cos\theta d\theta = \frac{1}{n+1}$ （ただし $n \neq -1$）

【3】 部分積分を使って，つぎの積分を求めよ。

(1) $\displaystyle\int (x\cos x)\, dx$ 　　(2) $\displaystyle\int (x^2 \sin x)\, dx$ 　　(3) $\displaystyle\int (x^2 e^x)\, dx$

$\dagger$ ここで右辺に積分定数 C を加えたことに注意。もともと I は不定積分なので，それに 2 を乗じた $2I$ もやはり不定積分であり，積分定数が必要となる。

(4) $\displaystyle\int (\log x)\, dx$　　(5) $\displaystyle\int (\log x)^2\, dx$

【4】 つぎの関数の不定積分を求めよ。

(1) $\dfrac{\log x}{x}$　　(2) $x \log x$　　(3) $\dfrac{1}{\tan x}$

(4) $\tan x$　　(5) $\dfrac{1}{\cos^2 x}$　　(6) $\dfrac{1}{\sin^2 x}$

(7) $\dfrac{1}{\sin x \cos x}$　　(8) $e^x(\cos x + \sin x)$

(9) $e^x(\cos x - \sin x)$　　(10) $\dfrac{e^x}{1 + e^x}$　　(11) $\dfrac{1 - e^x}{1 + e^x}$

【5】 つぎの関数の不定積分を求めよ。ただし $a(> 0)$ は定数とする。

(1) $\dfrac{1}{a^2 + x^2}$　　(2) $\dfrac{1}{a^2 - x^2}$

(3) $\dfrac{1}{\sqrt{a^2 + x^2}}$　　(4) $\dfrac{1}{\sqrt{a^2 - x^2}}$

【6】 a を定数，$p(x)$ と $q(x)$ を x の関数とする。このとき，つぎの式が成り立つことを示せ。

(1) $\dfrac{d}{dx}\left\{\displaystyle\int_a^x f(t)dt\right\} = f(x)$

(2) $\dfrac{d}{dx}\left\{\displaystyle\int_a^{p(x)} f(t)dt\right\} = f(p(x)) \times p'(x)$

(3) $\dfrac{d}{dx}\left\{\displaystyle\int_{q(x)}^{p(x)} f(t)dt\right\} = f(p(x)) \times p'(x) - f(q(x)) \times q'(x)$

※ヒント：$f(t)$ の原始関数 (の一つ) を $F(t)$ とおけ。

第11章　面積・体積・曲線の長さ

本章では，積分を用いて，立体の面積と体積および曲線の長さを求める方法を学ぶ。

11.1　立体の体積

本節では積分の応用例として，さまざまな立体の体積を計算する。いま，x 軸に沿って図 **11.1** のように広がっている立体 B を考えよう。

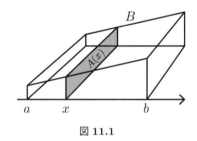

図 **11.1**

図 11.1 の灰色部分は，この立体 B をナイフで上下方向に切ったときにできる断面を意味している。この断面の広さは，切る場所によって変わるとしよう。つまり，各 x における断面の面積は，x の関数 $A(x)$ で書けるとする。

このとき，立体の体積 V は，$A(x)$ を x で積分した値として

$$V = \int_a^b A(x)dx \tag{11.1}$$

と書けるのである。

立体の体積 V は,
断面積 A(x) の積分　V=∫A(x)dx で求まる。

なぜ断面積 $A(x)$ の積分が体積 V となるのか?その理由を知るために, まず立体 B を N 個のスライスに分割しよう (図 **11.2**)。左から k 番目のスライス B_k の幅を Δx_k とすると, この B_k の体積は, 高さ Δx_k, 底面積が $A(x_k^*)$ の直方体の体積とほぼ等しい (図 **11.3**)。

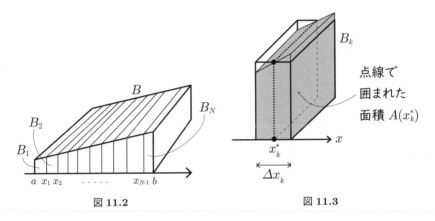

点線で
囲まれた
面積 $A(x_k^*)$

図 **11.2**　　　　　　　図 **11.3**

立体 B の体積 V は, この直方体の体積 $A(x_k^*)\Delta x_k$ をたし合わせた値になるので

$$V = \sum_{k=1}^{N} A(x_k^*)\Delta x_k \tag{11.2}$$

ここで $N \to \infty$ の極限をとると, 各スライスの幅 Δx_k は 0 に近づく。それと同時に, スライスの数は限りなく増える。こうして無限にうすいスライスを ($x = a$ から $x = b$ まで) 無限にたくさんたし合わせた結果は, 積分を用いて

$$V = \int_a^b A(x)dx \tag{11.3}$$

と表せるのである。

例 11.1 高さが h, 底面が正方形 (ただし 1 辺の長さが a) であるピラ
ミッド (四角錐) の体積を求めよ。

【解説】 ピラミッドの頂点を通り, 底面に垂直な直線を z 軸にとる。また,
底面を通り, 底面のある 1 辺と平行 (または垂直) な向きに, x 軸 (y 軸) をと
る (図 **11.4**)。原点は, z 軸と底面の交点とする。

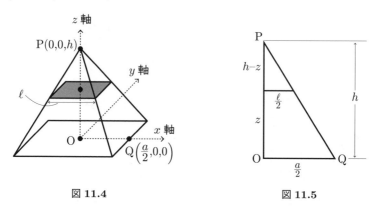

図 **11.4**   図 **11.5**

このピラミッドを, 底面と平行な面で切ると, その断面は常に正方形であ
る。この正方形の辺の長さを $\ell(z)$ とおこう (ℓ は z の関数となることに注意)。
すると, 図 **11.5** に示した二つの三角形の相似関係より

$$\frac{a}{2} : \frac{\ell(z)}{2} = h : h - z \tag{11.4}$$

これを $\ell(z)$ について解くと

$$\ell(z) = \frac{a}{h}(h - z) \tag{11.5}$$

よって, 高さ z の位置でピラミッドを切断したときに現れる切断面 (正方形)
の断面積 $A(z)$ は

$$A(z) = \left[\ell(z)\right]^2 = \frac{a^2}{h^2}(h - z)^2 \tag{11.6}$$

したがって, 求める体積 V は

$$V = \int_0^h A(z)dz \; = \frac{a^2}{h^2} \int_0^h (h-z)^2 dz \; = \frac{a^2}{h^2} \cdot \left[-\frac{1}{3}(h-z)^3 \right]_0^h$$

$$= \frac{1}{3}a^2 h \tag{11.7}$$

となる†。　　　　　　　　　　　　　　　　　　　　　　　◀

11.2　回 転 体 の 体 積

　前節で述べたスライス手法は，回転体の体積を求めるときに，特に有効である。

　回転体とは，ある平面図形を，ある軸の周りに回転させてできる立体を指す言葉である (**図 11.6**)。例えば，半円を x 軸の周りで回転させれば，球ができる。直角三角形を回転させれば，円錐ができる。横長の長方形を回転させれば，厚みのある円筒ができる。こうした回転体の体積は，回転する前の曲線の関数形 $y = f(x)$ さえわかっていれば，つぎに述べるとおり簡単に求まるのである。

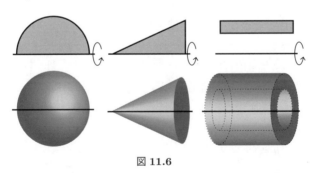

図 11.6

　いま，曲線 $y = f(x)$ と x 軸に挟まれた領域 R を，x 軸周りに回転させて，**図 11.7** のような回転体をつくったとしよう。この立体を点 x で軸と垂直に切断すると，その断面は半径 $f(x)$ の円となる。

---

†　すなわち四角錐の体積は，(底面積)×(高さ)÷3 で表される。

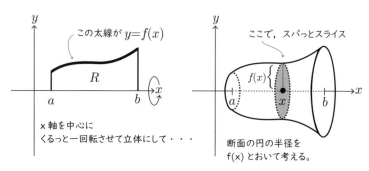

図 11.7

この断面の面積は $\pi[f(x)]^2$ なので，スライス手法を用いると，図 11.7 の
回転体の体積 V は

$$V = \int_a^b \pi[f(x)]^2 dx \tag{11.8}$$

と書ける。つまり，回転させる前の曲線の式 $y = f(x)$ さえわかっていれば，
それを回転させてできる立体の体積 V が求まるのである。

例 11.2　$y = \sqrt{x}$, $x = 4$, および x 軸で囲まれた平面領域を，x 軸の周
りに回転させてできる立体の体積を求めよ。

【解説】　回転させる前の曲線 $y = \sqrt{x}$（ただし $0 \leqq x \leqq 4$），および回転させ
たあとにできる立体を，図 11.8 に示す。この回転体の，点 x における断面

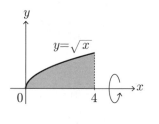
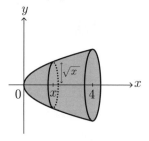

図 11.8

は，半径が $\sqrt{x}$ の円である。よって求める体積 V は

$$V = \int_0^4 \pi(\sqrt{x})^2 dx = \pi \int_0^4 x\,dx = \pi\left[\frac{x^2}{2}\right]_0^4 = 8\pi \tag{11.9}$$

と表せる。　　　　　　　　　　　　　　　　　　　　　　　　◀

　例 11.2 と同様の考え方は，y 軸周りの回転体にも適用できる。ただしその場合は，関数形を $x = (y\,\mathcal{O}式)$ に書き換えて，断面積を $\pi[x(y)]^2$ とする必要がある。例 11.3 にその例を示す。

　例 11.3　$y = \arccos x$，$y = \pi/4$，$y = 3\pi/4$，および y 軸で囲まれた領域を，y 軸周りに回転させてできる立体の体積を求めよ。

【解説】　回転させる前の曲線 $y = \arccos x$（ただし $\pi/4 \le y \le 3\pi/4$）と，それを回転させてできる立体は，**図 11.9** のとおりである。この回転体の，点 y における断面は，半径が $x(= \cos y)$ の円である。また，図より明らかに，立体の上半分 B_1 と下半分 B_2 は，たがいに合同である。したがって，求める体積 V を計算するには，B_2 の体積を計算して[†]，その値を 2 倍すればよい。すなわち

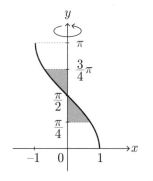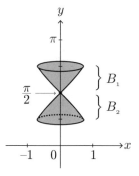

図 11.9

[†]　もちろん，B_2 の代わりに B_1 の体積を求めて，それを 2 倍してもよい。

$$V = 2 \times \int_{\frac{\pi}{4}}^{\frac{\pi}{2}} \pi(\cos y)^2 dy \ = 2\pi \cdot \int_{\frac{\pi}{4}}^{\frac{\pi}{2}} \frac{1 + \cos 2y}{2} dy$$

$$= \pi \left[y + \frac{1}{2} \sin 2y \right]_{\frac{\pi}{4}}^{\frac{\pi}{2}} \ = \pi \left[\frac{\pi}{4} + \frac{1}{2}(0 - 1) \right]$$

$$= \frac{\pi}{4}(\pi - 2) \tag{11.10}$$

と表せる。 ◀

11.3 曲 線 の 長 さ

本節では，積分を使って「曲線の長さ」を求める方法を考えよう。

ある与えられた曲線 $y = f(x)$ について，点 A と点 B に挟まれた区間の長さ ℓ を計算したいとする (図 **11.10**)。結論からいうと，この長さ ℓ は，積分を用いて

$$\ell = \int_a^b \sqrt{1 + (y')^2} dx \tag{11.11}$$

と計算できる。つまり，y の導関数 y' を，式 (11.11) に代入して計算すればよいのである。

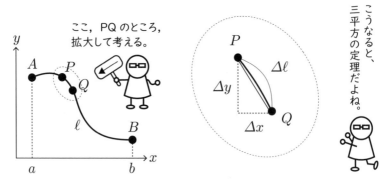

図 **11.10** 2 点 P,Q が十分接近している場合，まっすぐな線分 PQ の
長さは，曲線の微小部分 $\Delta\ell$ の長さとほぼ等しい。

ではなぜ, 式 (11.11) で曲線の長さ ℓ が求まるのか? それを知るために, 曲線の上に 2 点 P,Q をおき, それらをつなぐまっすぐな線分 PQ の長さを考えよう (図 11.10 の拡大部分)。2 点 P,Q の x 座標の差と y 座標の差を, それぞれ Δx, Δy とおくと, 三平方の定理より

$$\mathrm{PQ} = \sqrt{(\Delta x)^2 + (\Delta y)^2} \tag{11.12}$$

が成り立つ。つぎにこの 2 点をたがいに十分近づけると, まっすぐな線分 PQ の長さは, 図 11.10 に示した曲線の微小部分 $\Delta\ell$ の長さ (わずかに曲がっている) に等しいとみなせる。つまり Δx が十分小さければ, $\Delta\ell$ は

$$\Delta\ell \simeq \sqrt{(\Delta x)^2 + (\Delta y)^2} \tag{11.13}$$

と近似できる。

ここで, 式 (11.13) の右辺を少し変形して

$$\Delta\ell \simeq \sqrt{(\Delta x)^2 + (\Delta y)^2} = \Delta x \sqrt{1 + \left(\frac{\Delta y}{\Delta x}\right)^2} \tag{11.14}$$

としておこう。この変形の意味は, すぐあとで説明する。

さて以下では, 曲線全体 (A から B まで) を n 本の細かい微小部分 $\Delta\ell_i$($i = 1, 2, \cdots, n$) に分割しよう (図 **11.11**)。

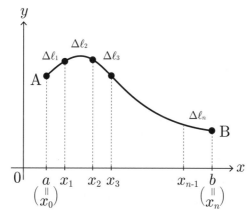

図 **11.11**

それぞれの微小部分の長さは式 (11.14) で与えられるので，その総和である曲線全体の長さ ℓ は

$$\ell = \sum_{i=1}^{n} \Delta \ell_i = \sum_{i=1}^{n} \Delta x_i \sqrt{1 + \left(\frac{\Delta y_i}{\Delta x_i} \right)^2} \tag{11.15}$$

と表せる。ただし

$$\Delta y_i = f(x_i) - f(x_{i-1}), \quad \Delta x_i = x_i - x_{i-1} \tag{11.16}$$

とした。式 (11.15) において，$n \to \infty$ の極限をとると，無限に短い部分を無限にたくさん集めることになる。すなわち，式 (11.15) は式 (11.17) のような積分に置き換わるのである。

$$\ell = \int_a^b \sqrt{1 + \left(\frac{dy}{dx} \right)^2} dx \tag{11.17}$$

曲線 y=f(x) の長さは 積分 $\int \sqrt{1+(y')^2}\, dx$ で求まる。

例 11.4   曲線 $y = (x^2/8) - \log x \quad (1 \leqq x \leqq e)$ の長さを求めよ。

【解説】   与式を微分すると

$$y' = \frac{x}{4} - \frac{1}{x} \tag{11.18}$$

よって求める曲線の長さ ℓ は

$$\ell = \int_1^e \sqrt{1 + (y')^2} dx = \int_1^e \sqrt{1 + \left(\frac{x}{4} - \frac{1}{x} \right)^2} dx \tag{11.19}$$

ここで，$\sqrt{}$ の中を変形すると

$$1 + \left(\frac{x}{4} - \frac{1}{x} \right)^2 = \frac{x^2}{16} + \frac{1}{2} + \frac{1}{x^2} = \left(\frac{x}{4} + \frac{1}{x} \right)^2 \tag{11.20}$$

したがって

$$\ell = \int_1^e \left(\frac{x}{4} + \frac{1}{x} \right) dx = \left[\frac{x^2}{8} + \log x \right]_1^e$$

$$= \left(\frac{e^2}{8} - \frac{1}{8} \right) + (1 - 0) = \frac{e^2}{8} + \frac{7}{8} \tag{11.21}$$

◀

11.4 曲線の長さ（陰関数表示の場合）

前節では，曲線 $y = f(x)$ の長さを求めるために，その導関数 y' を x の式で表した。このとき，関数 $y = f(x)$ は陽関数の形で書かれていた。しかし，平面に描かれた曲線を表す式が，いつでも陽関数の形（つまり $y = [x$ の式$]$ の形）で与えられるとは限らない。例えば，曲線の式が

$$\sin^2(xy) = \log(x - y) \tag{11.22}$$

という形で与えられた場合，導関数 $y' = (dy/dx)$ を x だけの式で表すことは，非常に難しい[†]。

そこで，曲線を表す式が，式 (11.23) のような陰関数の形で与えられた場合を考えよう。

$$f(x, y) = 0 \tag{11.23}$$

この曲線の長さを求めるには，新しい変数 t を導入して，曲線上の点を $(x(t), y(t))$ と表現すればよい（図 **11.12**）。このように，グラフ上の各点の場所を，新しい変数 t で指定する方法を，グラフのパラメータ表示（または媒介変数表示）と呼ぶ。

[†] 少なくとも，これを書いてる著者にはできなかった。仮に解けたとしても，式の形が極端に複雑になるか，もしくはこの本の範囲を超える複雑な数学概念が必要になるであろう。

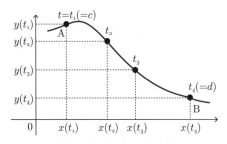

図 11.12 曲線 $y = f(x)$ 上の点の座標 (x, y) を，
パラメータ t で表した様子

　例えばいま，図 11.12 に示した曲線について，点 A から点 B までの長さ ℓ を求めたいとしよう。前節の議論に従うと，求める曲線の長さ ℓ は，微小部分の長さ

$$\Delta\ell = \sqrt{(\Delta x)^2 + (\Delta y)^2} \tag{11.24}$$

を寄せ集めることで計算できる。ここでポイントは，$\Delta\ell$ を

$$\Delta\ell = \frac{\Delta\ell}{\Delta t} \cdot \Delta t = \sqrt{\left(\frac{\Delta x}{\Delta t}\right)^2 + \left(\frac{\Delta y}{\Delta t}\right)^2} \cdot \Delta t \tag{11.25}$$

と変形する点にある。この変形の仕方が，陽関数で表された曲線を求める場合と，大きく異なる点である。

　式 (11.25) の右辺に含まれている $\Delta x/\Delta t$ と $\Delta y/\Delta t$ の項は，パラメータ t の値が少しだけ変化したときに，t の関数である x と y の値がどのくらい変わるか，その比率を意味している。そして，Δt がどんどん 0 に近づくと，この二つの分数はそれぞれ導関数 dx/dt と dy/dt に近づく。したがって，前節と同じ考え方を用いると，式 (11.25) の寄せ集めを積分に置き換えることができて

$$\ell = \int_c^d \sqrt{\left(\frac{dx}{dt}\right)^2 + \left(\frac{dy}{dt}\right)^2} \, dt \tag{11.26}$$

という結果を得る。ここで c と d は，それぞれ端点 A と B に対応する t の値である。

例 **11.5** 式 (11.27) のパラメータ表示で表された曲線の長さ ℓ を求め よ[†]。

$$x = \frac{t^3}{3}, \quad y = \frac{t^2}{2} \quad (0 \leqq t \leqq 1) \tag{11.27}$$

【解説】 式 (11.26) を用いると, $dx/dt = t^2$, $dy/dt = t$ より

$$\ell = \int_0^1 \sqrt{(t^2)^2 + (t)^2}\,dt = \int_0^1 t\sqrt{1+t^2}\,dt \tag{11.28}$$

この積分を計算するには, $u = 1 + t^2$ と置換すればよい。その両辺を t で微分すると, $du/dt = 2t$, つまり $t\,dt = du/2$ となる。また

$$t = 0 \quad \text{で} \quad u = 1, \quad t = 1 \quad \text{で} \quad u = 2 \tag{11.29}$$

なので, 求める長さ ℓ は

$$\ell = \int_1^2 \sqrt{u} \cdot \frac{du}{2} = \frac{1}{2} \cdot \left[\frac{2}{3} u\sqrt{u} \right]_1^2 = \frac{1}{3}(2\sqrt{2} - 1) \tag{11.30}$$

◀

例 **11.6** 円周 $x^2 + y^2 = a^2$ の長さ ℓ を求めよ。

【解説】 新しい変数 θ を導入して, x, y をそれぞれ $x = a\cos\theta, y = a\sin\theta$ と置き換えると

$$\frac{dx}{d\theta} = -a\sin\theta, \quad \frac{dy}{d\theta} = a\cos\theta \tag{11.31}$$

より

$$\left(\frac{dx}{d\theta} \right)^2 + \left(\frac{dy}{d\theta} \right)^2 = a^2 \left(\cos^2\theta + \sin^2\theta \right) = a^2 \tag{11.32}$$

点 (x, y) が円周に沿って一周するには, θ は 0 から 2π まで動けばよい。よって, 求める長さ ℓ は

[†] この曲線は, 陰関数 $9x^2 - 8y^3 = 0$ $(0 \leqq x \leqq 1/3)$ に相当する。式 (11.27) から t を消去すれば, この陰関数を得る。

$$\ell = \int_0^{2\pi} \sqrt{\left(\frac{dx}{d\theta}\right)^2 + \left(\frac{dy}{d\theta}\right)^2}\, d\theta = a\int_0^{2\pi} d\theta = 2\pi a \tag{11.33}$$

◀

11.5　回転面の面積

11.3節と11.4節では，曲線 $y = f(x)$ を短い線分に分割することで，曲線全体の長さを求めた。この考え方を拡張すると，回転面の面積を積分で求めることができる。

ここで回転面とは，平面内に描いた曲線を，ある軸の周りに回転させてできる曲面のことである (図 **11.13**)。例えば，水平線を軸周りに回転させれば円筒面ができる。また，半円を回転させれば球面ができる。

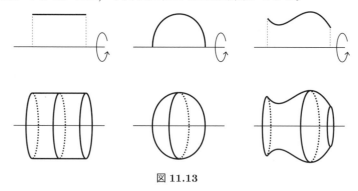

図 11.13

こうした回転面の面積 S は，もとの曲線 $y = f(x)$ を用いると，式 (11.34) で計算できる。

$$S = \int_a^b 2\pi f(x)\sqrt{1 + [f'(x)]^2}\, dx \tag{11.34}$$

曲線 y=f(x) を回転させてできる
曲面の面積 S は　$S = \int 2\pi f(x)\sqrt{1 + f'(x)^2}\, dx$

　ではなぜ，式 (11.34) で回転面の面積が求まるのか？　その理由を説明するために，まずは曲線全体を n 個の線分に細かく分割しよう (図 **11.14**)。こうしてできた折れ線グラフを，x 軸の周りに回転させると，いろいろな大きさの「円錐台」の側面ができ上がる (図 **11.15**)。

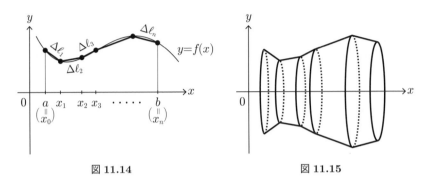

図 11.14　　　　　　　図 11.15

　図 11.15 において左右に並んだたくさんの円錐台のうち，左から数えて i 番目の円錐台の側面をとりだしてみよう (図 **11.16**)。この円錐台の底の半径は $f(x_{i-1})$ と $f(x_i)$，高さは Δx_i，斜高が $\Delta \ell_i$ である。さらに，x_{i-1} と x_i の中点を，x_i^* という記号で表す (この x_i^* は，式 (11.37) のすぐ下で使う)。したがって，図 11.16 に示した円錐台の側面積 S_i は

$$S_i = \pi \left[f(x_{i-1}) + f(x_i) \right] \Delta \ell_i \tag{11.35}$$

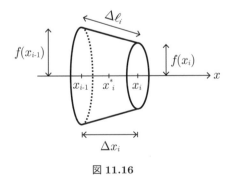

図 11.16

と表せる (付録 A.5.1 を参照)。さらに，$\Delta \ell_i$ は，11.3 節と同様の議論から，三平方の定理を用いて式 (11.36) のように書ける。

$$\Delta \ell_i = \sqrt{(\Delta x_i)^2 + [f(x_i) - f(x_{i-1})]^2}$$
$$= \Delta x_i \cdot \sqrt{1 + \left[\frac{f(x_i) - f(x_{i-1})}{\Delta x_i}\right]^2} \tag{11.36}$$

ここまでの説明から，図 11.15 に示した円錐台の側面積の合計 S は，式 (11.37) で表されることがわかった。

$$S = \sum_{i=1}^{n} \pi \Big[f(x_i) + f(x_{i-1})\Big] \sqrt{1 + \left[\frac{f(x_i) - f(x_{i-1})}{\Delta x_i}\right]^2} \cdot \Delta x_i$$
$$\tag{11.37}$$

式 (11.37) において，$n \to \infty$ の極限をとろう。すると Δx_i は限りなく 0 に近づくので，$f(x_{i-1})$ と $f(x_i)$ の値はどちらも，x_{i-1} と x_i の中点 x_i^* における値 $f(x_i^*)$ に近づく。さらにこのとき，根号の中にある分数 $[f(x_i) - f(x_{i-1})]/\Delta x_i$ は，x_i^* における微分係数 $f'(x_i^*)$ に近づく。よって，求める面積 S は

$$S = \lim_{n \to \infty} \sum_{i=1}^{n} 2\pi f(x_i^*)\sqrt{1 + [f'(x_i^*)]^2}\Delta x_i \tag{11.38}$$

これを積分に置き換えると

$$S = \int_a^b 2\pi f(x)\sqrt{1 + [f'(x)]^2}dx \tag{11.39}$$

となり，最初に述べた式 (11.34) と同じ結論を得ることができた。これが，曲線 $y = f(x)$ を x 軸周りに回転させてできる曲面の面積 S である。

なお，曲線 $x = g(y)$ (ただし $c \leqq y \leqq d$) を y 軸の周りに回転させてできる回転面の場合は，式 (11.39) と同様にして

$$S = \int_c^d 2\pi g(y)\sqrt{1 + [g'(y)]^2}dy \tag{11.40}$$

と書ける。

例 11.7 つぎの曲線 $y = f(x)$ を x 軸の周りに回転させてできる曲面の面積 S を求めよ。

(1) $y = 7x$ $(0 \leqq x \leqq 1)$ (2) $y = \sqrt{4 - x^2}$ $(-2 \leqq x \leqq 2)$

【解説】 (1) の場合は与式より

$$\frac{dy}{dx} = 7, \quad 1 + \left(\frac{dy}{dx}\right)^2 = 1 + 49 = 50 \tag{11.41}$$

したがって求める面積 S は

$$S = \int_0^1 2\pi \cdot 7x \cdot \sqrt{50} \ dx = 70\sqrt{2}\pi \int_0^1 x dx = 35\sqrt{2}\pi \tag{11.42}$$

(2) の場合は与式より

$$\frac{dy}{dx} = \frac{-2x}{2\sqrt{4 - x^2}} = \frac{-x}{\sqrt{4 - x^2}} \tag{11.43}$$

$$1 + \left(\frac{dy}{dx}\right)^2 = 1 + \frac{x^2}{4 - x^2} = \frac{4}{4 - x^2} \tag{11.44}$$

したがって求める面積 S は

$$S = \int_{-2}^2 2\pi\sqrt{4 - x^2} \cdot \sqrt{\frac{4}{4 - x^2}} dx = 4\pi \int_{-2}^2 dx = 16\pi \tag{11.45}$$

◀

ちなみに例 11.7 の (1) で求めたのは，高さが 1，底面の半径が 7 の円錐の側面積である。また，例 11.7 の (2) で求めたのは，半径が 2 の球面の面積である。

例 11.8 つぎの曲線 $x = g(y)$ を y 軸の周りに回転させてできる曲面の面積 S を求めよ。

(1) $x = \sqrt{y}$ $(0 \leqq y \leqq 1)$ (2) $x = 2 - y$ $(0 \leqq y \leqq 1)$

【解説】 (1) の場合は与式より

$$\frac{dx}{dy} = \frac{1}{2\sqrt{y}}, \quad 1 + \left(\frac{dx}{dy}\right)^2 = 1 + \frac{1}{4y} \tag{11.46}$$

したがって求める面積 S は

$$S = \int_0^1 2\pi \cdot \sqrt{y} \cdot \sqrt{1 + \frac{1}{4y}} \; dy$$

$$= 2\pi \int_0^1 \sqrt{y + \frac{1}{4}} \; dy = 2\pi \left[\frac{2}{3}\left(y + \frac{1}{4}\right)^{\frac{3}{2}}\right]_0^1$$

$$= \frac{4\pi}{3}\left[\left(\frac{5}{4}\right)^{\frac{3}{2}} - \left(\frac{1}{4}\right)^{\frac{3}{2}}\right] \tag{11.47}$$

ここで $4^{\frac{3}{2}} = 2^3 = 8$ に注意すると

$$S = \frac{4\pi}{3} \cdot \frac{1}{8}\left(5^{\frac{3}{2}} - 1^{\frac{3}{2}}\right) = \frac{\pi}{6}(5\sqrt{5} - 1) \tag{11.48}$$

(2) の場合は与式より

$$\frac{dx}{dy} = -1, \quad 1 + \left(\frac{dx}{dy}\right)^2 = 1 + 1 = 2 \tag{11.49}$$

したがって求める面積 S は

$$S = \int_0^1 2\pi(2 - y) \cdot \sqrt{2}dy = 2\sqrt{2}\pi\left[-\frac{1}{2}(2 - y)^2\right]_0^1 = 3\sqrt{2}\pi \tag{11.50}$$

◀

　ちなみに，例 11.8 の (2) で扱った回転面は，**図 11.17** のような円錐台の側面である。この円錐台の母線の長さ ℓ は，三平方の定理より $\ell = \sqrt{2}$ である。一般に，底の半径が r_1 と r_2 で，母線の長さが ℓ の円錐台の側面積は

$$\pi(r_1 + r_2)\ell \tag{11.51}$$

なので (付録 A.5.1 を参照)，図 11.17 の側面の面積は

$$\pi \times (1 + 2) \times \sqrt{2} = 3\sqrt{2}\pi \tag{11.52}$$

となり，例 11.8 の (2) の解と確かに一致する。

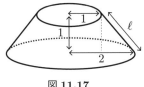

図 11.17

┃ コーヒーブレイク ┃

　表面積を広くとれ！ ─これは，地球上のすべての生き物にとって，最も重要な戦略の一つだったりする。

　例えば生物を構成する一つ一つの細胞は，外から栄養や酸素を取り入れ，不要になった老廃物を外に出す。細胞のサイズが大きければ，それだけ必要になる栄養や，不要になる老廃物が増える。こうした物質のやり取りを滞りなく行うには，物質の通り道である細胞膜をなるべく広くしたい。つまり，単位体積当りの表面積を広く確保する必要があることから，細胞のサイズというのはおしなべて非常に小さいのである。

　このほか，哺乳類の体の中を見ても，表面積をかせぐ工夫がたくさん見つかる。肺の中では，無数の小部屋 (肺胞) に分割することで，小腸の中では，内壁に無数のヒダや突起をつくることで，それぞれテニスコートに匹敵する表面積を確保している。さらに，ヒトの毛細血管の表面積に至っては，およそ 6000 平方メートル (サッカーコート全面分！) に達する。

　表面積を広くとれ！ ─私たちの体の形や大きさは，その表面積によって支配されているのだ。

11.6　円筒か，円錐台か

　ここで，回転体の「体積」と「側面積」を求めるときの違いに注目しよう。11.2 節で回転体の体積を求めるときは，立体をうすい「円筒」に分割した (図 **11.18**)。一方，前節で回転体の側面積を求めるときは，立体をうすい「円錐台」に分割した (図 **11.19**)。つまり，同じ回転体を扱う場合でも，その「体積」を求める場合と「側面積」を求める場合では，そもそもの考え方が異なっていた。

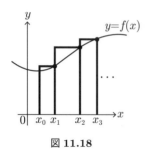

図 **11.18**

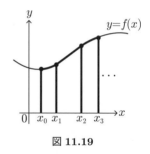

図 **11.19**

回転体の体積→うすい円筒に分けて積分！
回転体の側面積→うすい円錐台に分けて積分！

　しかし，この二つの違いを改めて見返すと，きっとつぎのような疑問がわくであろう。どうせ無限にうすいスライスに分割するのだから，円筒だろうが円錐台だろうが，どちらの形で分割しても同じなのではないか？ それに，円筒のほうが計算は簡単なのだから，回転体の側面積を求めるときだって，円筒に分けてもよいのではないか？

　結論からいうと，答えは NO である。図 11.19 の方法で回転体の側面積を求めようとしても，正しい答えが得られないのだ。以下で順を追ってその理由を説明しよう。

　いま，**図 11.20** に示した曲線 $y = f(x)$ の微小部分 CD を，x 軸の周りに回転させたとする。こうしてできた回転体の側面積を求めたとしよう。CD の長さ $\Delta \ell$ が十分に短いことから[†]，できる回転体は，とても薄いスライス状の立体になる。考えるべき問題は，このスライスを，円筒形のスライスだとみなしてよいのか，それとも円錐台の形のスライスだとみなさねばならないのか，である。

[†]　ここでいう「$\Delta \ell$ が十分に短い」とは，図 11.20 に示された y や Δy に比べて，Δx が十分に小さい，という意味である。

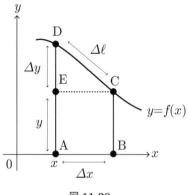

図 11.20

まずはじめに，円錐台とみなした場合を考えよう。つまり，図11.20に示した台形 ABCD を，x 軸の周りに回転させて，円錐台をつくったとする。するとその側面積 S_{tc} は[†]

$$S_{tc} = \pi[y + (y + \Delta y)]\Delta\ell = 2\pi y\Delta\ell + \pi\Delta y\Delta\ell \tag{11.53}$$

で与えられる。

ここで，$\Delta\ell$ と Δy をそれぞれ

$$\Delta\ell = \sqrt{1 + \left(\frac{\Delta y}{\Delta x}\right)^2}\,\Delta x, \quad \Delta y = \frac{\Delta y}{\Delta x} \cdot \Delta x \tag{11.54}$$

と書き直し，式 (11.53) に代入して整理すると

$$S_{tc} = \underline{\underline{2\pi y\sqrt{1 + \left(\frac{\Delta y}{\Delta x}\right)^2} \cdot \Delta x}} + \frac{\Delta y}{\Delta x} \cdot \sqrt{1 + \left(\frac{\Delta y}{\Delta x}\right)^2} \cdot (\Delta x)^2$$

$$\tag{11.55}$$

となる。ここで，右辺の第1項は Δx について1次の項，第2項は Δx について2次の項である点に注意しよう。つまり Δx をどんどん0に近づけていくと，第1項よりも第2項のほうが，断然速く0に近づくのである。この速さの違いは，すぐあとで用いる。

[†] S_{tc} の添え字 tc は，円錐台を意味する truncated cone の頭文字からとった。

つぎに，微小部分 CD を回転させてできる立体の側面積は，円筒の形をしたスライスの側面積で近似できると考えてみよう。つまり，図 11.20 の長方形 ABCE を回転させてできる円筒の側面積 S_{cy} を考えるのである[†1]。この S_{cy} は，図から

$$S_{\mathrm{cy}} = \underline{\underline{2\pi y}} \cdot \Delta x \tag{11.56}$$

だとわかる。

もしスライスをうすくした極限 $(\Delta x \to 0)$ で，S_{tc} と S_{cy} が同じ値にどんどん近づくなら，もとの回転体を分割する方法は (円筒でも円錐台でも) どちらでもよいことになる。しかしそうはならないのである。

まず S_{tc} のほうを見ると，式 (11.55) の右辺の二重下線部は $\Delta x \to 0$ の極限で

$$2\pi y \sqrt{1 + (y')^2} \tag{11.57}$$

にどんどん近づく[†2]。つぎに S_{cy} のほうを見ると，式 (11.56) の右辺の二重下線部は，$\Delta x \to 0$ の極限で

$$2\pi y \tag{11.58}$$

に近づく。式 (11.57) と式 (11.58) を比べてわかるとおり，S_{tc} と S_{cy} の差は，どんなに Δx を小さくとっても埋まらないのである[†3]。これが，面積 S を求めるときに円錐台でスライスしなければならない理由である。

回転体の側面積を求めるときは，
うすい円錐台にスライスする！
（うすい円筒ではダメ！）

[†1] S_{cy} の添え字 cy は，cylinder(円筒) の頭文字からとった。

[†2] ここで $(\Delta x)^2$ の項は，Δx よりも格段に速く 0 に近づくので (つまり高位の微少量なので) 無視できた。

[†3] この状況は，第 1 章の章末問題【 1 】の (1) で考察した「正方形の対角線の長さ」問題とよく似ている。

　今度は逆に，回転体の体積を求めるときに，(円筒ではなく) 円錐台で分割してもよいのかを考えてみよう。結論からいうと，答えは YES である。体積を求める場合は，円筒だろうが円錐台だろうが，分割の仕方によらず同じ解が得られるのである。

　再び図 11.20 に戻ろう。台形 ABCD を回転させてできる円錐台の体積 V_{tc} は

$$V_{\mathrm{tc}} = \frac{\pi}{3}\Delta x \Big[y^2 + y(y + \Delta y) + (y + \Delta y)^2 \Big]$$

$$= \frac{\pi}{3}\Delta x \Big[3y^2 + 3y\Delta y + (\Delta y)^2 \Big] \tag{11.59}$$

である (円錐台の体積の求め方は，付録 A.5.2 を参照)。さらに

$$\Delta y = \frac{\Delta y}{\Delta x} \cdot \Delta x \tag{11.60}$$

を式 (11.59) に代入して，Δx について次数ごとに整理すると

$$V_{\mathrm{tc}} = \pi y^2 \Delta x + \pi y \frac{\Delta y}{\Delta x}(\Delta x)^2 + \frac{\pi}{3}\left(\frac{\Delta y}{\Delta x}\right)^2 (\Delta x)^3 \tag{11.61}$$

となる。ここで，$\Delta x \to 0$ の極限をとろう。すると，$(\Delta x)^2$ と $(\Delta x)^3$ の項は，Δx に比べて格段に小さいので無視できる。その結果，右辺の第 1 項 $\pi y^2 \Delta x$ だけが残る。

　一方，長方形 ABCE を回転させてできる円筒の体積 V_{cy} も

$$V_{\mathrm{cy}} = \pi y^2 \Delta x \tag{11.62}$$

である。すなわち，Δx をどんどん 0 に近づけると，V_{tc} と V_{cy} はともに同じ値 $\pi y^2 \Delta x$ にどんどん近づくのである。したがって回転体の体積を求める際は，立体を円筒に分けようが，円錐台に分けようが，まったく同じ解が得られるのだ。

> 　　回転体の体積を求めるときは
> 　　　　うすい円錐台にスライスしても
> 　　　　うすい円筒にスライスしても
> 　　同じ値を得る!(ただし円筒のほうが計算は楽)

章 末 問 題

【1】 曲線 $y = e^x$ (ただし $0 \leqq x \leqq 1$) を, x 軸の周りに回転させてできる立体の体積 V を求めよ。

【2】 楕円 $(x/a)^2 + (y/b)^2 = 1$ を回転させてできる立体を考える。
    (1) 与えられた楕円を x 軸の周りに回転させてできる立体の体積 V_x を, a と b の式で表せ。
    (2) 与えられた楕円を y 軸の周りに回転させてできる立体の体積 V_y を, a と b の式で表せ。
    (3) a と b の和が常に 1 であるとする。V_x と V_y が最大値をとるときの a と b の比を, それぞれ求めよ。

【3】 曲線 $y = \sqrt{2x}$ と x 軸と鉛直線 $x = 4$ で囲まれた領域を, x 軸の周りに回転させてできる立体を考える。
    (1) この立体の体積 V を求めよ。
    (2) この立体の表面積 S を求めよ。

【4】 つぎの曲線の長さ ℓ を求めよ。
    (1) $y = \cosh x \quad (-1 \leqq x \leqq 1)$
    (2) $y = e^x \quad (0 \leqq x \leqq 1)$
    ※ヒント：$1 + e^{2x} = u^2$ とおけ。

【5】 パラメータ表示 $x = e^t \cos t, y = e^t \sin t$ $(0 \leq t \leq 1)$ で表された曲線の長さ ℓ を求めよ。

【6】 パラメータ表示 $x(\theta) = \theta - \sin\theta, y(\theta) = 1 - \cos\theta$ $(0 \leqq \theta \leqq 2\pi)$ で表された曲線 [†1] の長さ ℓ を考える。

    (1) $\left[x'(\theta)\right]^2 + \left[y'(\theta)\right]^2$ を θ の式で表せ [†2]。
    (2) (1) の結果を用いて, ℓ の値を求めよ。

【7】 領域 $x, y \geqq 0$ における曲線 $x^{2/3} + y^{2/3} = a^{2/3}$ の長さ ℓ を考える。

[†1] この曲線は, サイクロイドまたは最速降下曲線と呼ばれる特別な曲線である。
[†2] ここで記号 $'$ は, θ に関する微分を意味する。

(1) 与式が，$x = a\cos^3\theta, y = a\sin^3\theta$ というパラメータ表示で表せることを示せ (ただし $0 \leqq \theta \leqq \pi/2$, $a > 0$ とする)。

(2) $[x'(\theta)]^2 + [y'(\theta)]^2$ を θ の式で表せ [†1]。

(3) (2) の結果を用いて，ℓ の値を求めよ。

【8】 ある円柱形の容器 (底面の半径が 1，高さが 1) を考える。最初は水が満杯に入っていたが，容器を 45° 傾けると，一部の水が容器の外に溢れてしまった (図 **11.21**)。このとき，容器に残った水の体積を求めよ [†2]。

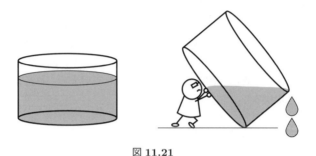

図 **11.21**

【9】 半径 1 の球を，たがいに平行・等間隔な面で三つに切り分ける (図 **11.22**)。このとき，表面積の比を求めよ (ただし切断面の面積は含めない)。

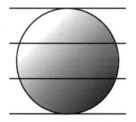

図 **11.22** 球を三等分する。

[†1] ここで記号 $'$ は，θ に関する微分を意味する。

[†2] 図 11.21 の左に示した容器には，水が満杯に入っていない (図の見た目をわかりやすくするため)。しかし問題では，水が満杯に入っていることを前提としている点に注意。

付　　　録

A.1　常用対数表の使い方

本節では，2.2 節で紹介した「常用対数表」の使い方を解説する[†1]。

常用対数表とは，**表 A.1** と**表 A.2** に示した大きな数の表のことである。表の左端には，2 けたの小数 $(1.0, 1.1, 1.2, \cdots, 9.9)$ が，縦にズラっと並んでいる。表の上端には，0 から 9 までの整数が横に並んでいる。この「2 けたの小数」と「1 けたの整数」を道しるべにすると

$$1.52 = 10^{\bigcirc} \quad \text{や} \quad 2.13 = 10^{\bigcirc}$$

などを満たす ◯ の近似値がわかるのである[†2]。

以下では例として，$1.52 = 10^{\bigcirc}$ を満たす ◯ の値を求めてみよう。それには，つぎの i) から iv) までの手順をふめばよい。

i)　与えられた小数 1.52 を，「1.5」と「2」に分解する。

ii)　表の左端，縦にズラっと並んだ小数の中から，「1.5」のマスを見つける (図 **A.1**)。

iii)　表の上端，横に並んだ整数の中から，「2」のマスを見つける (図 A.1)。

iv)　1.5 を含む (横長の) 列と，2 を含む (縦長の) 列が交差する位置にある数字 0.181 84 を見つける。

このようにして見つけた小数 0.181 84 が

$$1.52 \fallingdotseq 10^{0.181\,84}$$

という関係を満たすのである。

[†1]　ここで常用対数とは，底の値が 10 である対数のことであった (例えば $\log_{10} 30$ など)。一方，底の値が e の場合を自然対数，底の値が 2 の場合を二進対数と呼ぶのであった。

[†2]　常用対数表で求まる値は，あくまで近似値である点に注意。例えば $1.52 = 10^x$ を満たす x の値は，厳密には $x = \log_{10} 1.52$ であり，これを小数で表すと $x = 0.181\,8435\,879\cdots$ という無限小数になる。

表 **A.1**　常用対数表 (表 A.2 につづく)

	0	1	2	3	4	5	6	7	8	9
1.0	0.00000	0.00432	0.00860	0.01284	0.01703	0.02119	0.02531	0.02938	0.03342	0.03743
1.1	0.04139	0.04532	0.04922	0.05308	0.05690	0.06070	0.06446	0.06819	0.07188	0.07555
1.2	0.07918	0.08279	0.08636	0.08991	0.09342	0.09691	0.10037	0.10380	0.10721	0.11059
1.3	0.11394	0.11727	0.12057	0.12385	0.12710	0.13033	0.13354	0.13672	0.13988	0.14301
1.4	0.14613	0.14922	0.15229	0.15534	0.15836	0.16137	0.16435	0.16732	0.17026	0.17319
1.5	0.17609	0.17898	0.18184	0.18469	0.18752	0.19033	0.19312	0.19590	0.19866	0.20140
1.6	0.20412	0.20683	0.20952	0.21219	0.21484	0.21748	0.22011	0.22272	0.22531	0.22789
1.7	0.23045	0.23300	0.23553	0.23805	0.24055	0.24304	0.24551	0.24797	0.25042	0.25285
1.8	0.25527	0.25768	0.26007	0.26245	0.26482	0.26717	0.26951	0.27184	0.27416	0.27646
1.9	0.27875	0.28103	0.28330	0.28556	0.28780	0.29003	0.29226	0.29447	0.29667	0.29885
2.0	0.30103	0.30320	0.30535	0.30750	0.30963	0.31175	0.31387	0.31597	0.31806	0.32015
2.1	0.32222	0.32428	0.32634	0.32838	0.33041	0.33244	0.33445	0.33646	0.33846	0.34044
2.2	0.34242	0.34439	0.34635	0.34830	0.35025	0.35218	0.35411	0.35603	0.35793	0.35984
2.3	0.36173	0.36361	0.36549	0.36736	0.36922	0.37107	0.37291	0.37475	0.37658	0.37840
2.4	0.38021	0.38202	0.38382	0.38561	0.38739	0.38917	0.39094	0.39270	0.39445	0.39620
2.5	0.39794	0.39967	0.40140	0.40312	0.40483	0.40654	0.40824	0.40993	0.41162	0.41330
2.6	0.41497	0.41664	0.41830	0.41996	0.42160	0.42325	0.42488	0.42651	0.42813	0.42975
2.7	0.43136	0.43297	0.43457	0.43616	0.43775	0.43933	0.44091	0.44248	0.44404	0.44560
2.8	0.44716	0.44871	0.45025	0.45179	0.45332	0.45484	0.45637	0.45788	0.45939	0.46090
2.9	0.46240	0.46389	0.46538	0.46687	0.46835	0.46982	0.47129	0.47276	0.47422	0.47567
3.0	0.47712	0.47857	0.48001	0.48144	0.48287	0.48430	0.48572	0.48714	0.48855	0.48996
3.1	0.49136	0.49276	0.49415	0.49554	0.49693	0.49831	0.49969	0.50106	0.50243	0.50379
3.2	0.50515	0.50651	0.50786	0.50920	0.51055	0.51188	0.51322	0.51455	0.51587	0.51720
3.3	0.51851	0.51983	0.52114	0.52244	0.52375	0.52504	0.52634	0.52763	0.52892	0.53020
3.4	0.53148	0.53275	0.53403	0.53529	0.53656	0.53782	0.53908	0.54033	0.54158	0.54283
3.5	0.54407	0.54531	0.54654	0.54777	0.54900	0.55023	0.55145	0.55267	0.55388	0.55509
3.6	0.55630	0.55751	0.55871	0.55991	0.56110	0.56229	0.56348	0.56467	0.56585	0.56703
3.7	0.56820	0.56937	0.57054	0.57171	0.57287	0.57403	0.57519	0.57634	0.57749	0.57864
3.8	0.57978	0.58092	0.58206	0.58320	0.58433	0.58546	0.58659	0.58771	0.58883	0.58995
3.9	0.59106	0.59218	0.59329	0.59439	0.59550	0.59660	0.59770	0.59879	0.59988	0.60097
4.0	0.60206	0.60314	0.60423	0.60531	0.60638	0.60746	0.60853	0.60959	0.61066	0.61172
4.1	0.61278	0.61384	0.61490	0.61595	0.61700	0.61805	0.61909	0.62014	0.62118	0.62221
4.2	0.62325	0.62428	0.62531	0.62634	0.62737	0.62839	0.62941	0.63043	0.63144	0.63246
4.3	0.63347	0.63448	0.63548	0.63649	0.63749	0.63849	0.63949	0.64048	0.64147	0.64246
4.4	0.64345	0.64444	0.64542	0.64640	0.64738	0.64836	0.64933	0.65031	0.65128	0.65225
4.5	0.65321	0.65418	0.65514	0.65610	0.65706	0.65801	0.65896	0.65992	0.66087	0.66181
4.6	0.66276	0.66370	0.66464	0.66558	0.66652	0.66745	0.66839	0.66932	0.67025	0.67117
4.7	0.67210	0.67302	0.67394	0.67486	0.67578	0.67669	0.67761	0.67852	0.67943	0.68034
4.8	0.68124	0.68215	0.68305	0.68395	0.68485	0.68574	0.68664	0.68753	0.68842	0.68931
4.9	0.69020	0.69108	0.69197	0.69285	0.69373	0.69461	0.69548	0.69636	0.69723	0.69810
5.0	0.69897	0.69984	0.70070	0.70157	0.70243	0.70329	0.70415	0.70501	0.70586	0.70672
5.1	0.70757	0.70842	0.70927	0.71012	0.71096	0.71181	0.71265	0.71349	0.71433	0.71517
5.2	0.71600	0.71684	0.71767	0.71850	0.71933	0.72016	0.72099	0.72181	0.72263	0.72346
5.3	0.72428	0.72509	0.72591	0.72673	0.72754	0.72835	0.72916	0.72997	0.73078	0.73159
5.4	0.73239	0.73320	0.73400	0.73480	0.73560	0.73640	0.73719	0.73799	0.73878	0.73957
5.5	0.74036	0.74115	0.74194	0.74273	0.74351	0.74429	0.74507	0.74586	0.74663	0.74741
5.6	0.74819	0.74896	0.74974	0.75051	0.75128	0.75205	0.75282	0.75358	0.75435	0.75511
5.7	0.75587	0.75664	0.75740	0.75815	0.75891	0.75967	0.76042	0.76118	0.76193	0.76268
5.8	0.76343	0.76418	0.76492	0.76567	0.76641	0.76716	0.76790	0.76864	0.76938	0.77012
5.9	0.77085	0.77159	0.77232	0.77305	0.77379	0.77452	0.77525	0.77597	0.77670	0.77743
6.0	0.77815	0.77887	0.77960	0.78032	0.78104	0.78176	0.78247	0.78319	0.78390	0.78462
6.1	0.78533	0.78604	0.78675	0.78746	0.78817	0.78888	0.78958	0.79029	0.79099	0.79169
6.2	0.79239	0.79309	0.79379	0.79449	0.79518	0.79588	0.79657	0.79727	0.79796	0.79865
6.3	0.79934	0.80003	0.80072	0.80140	0.80209	0.80277	0.80346	0.80414	0.80482	0.80550
6.4	0.80618	0.80686	0.80754	0.80821	0.80889	0.80956	0.81023	0.81090	0.81158	0.81224
6.5	0.81291	0.81358	0.81425	0.81491	0.81558	0.81624	0.81690	0.81757	0.81823	0.81889
6.6	0.81954	0.82020	0.82086	0.82151	0.82217	0.82282	0.82347	0.82413	0.82478	0.82543
6.7	0.82607	0.82672	0.82737	0.82802	0.82866	0.82930	0.82995	0.83059	0.83123	0.83187
6.8	0.83251	0.83315	0.83378	0.83442	0.83506	0.83569	0.83632	0.83696	0.83759	0.83822
6.9	0.83885	0.83948	0.84011	0.84073	0.84136	0.84198	0.84261	0.84323	0.84386	0.84448
7.0	0.84510	0.84572	0.84634	0.84696	0.84757	0.84819	0.84880	0.84942	0.85003	0.85065
7.1	0.85126	0.85187	0.85248	0.85309	0.85370	0.85431	0.85491	0.85552	0.85612	0.85673

表 A.2　常用対数表 (表 A.1 のつづき)

	0	1	2	3	4	5	6	7	8	9
7.2	0.85733	0.85794	0.85854	0.85914	0.85974	0.86034	0.86094	0.86153	0.86213	0.86273
7.3	0.86332	0.86392	0.86451	0.86510	0.86570	0.86629	0.86688	0.86747	0.86806	0.86864
7.4	0.86923	0.86982	0.87040	0.87099	0.87157	0.87216	0.87274	0.87332	0.87390	0.87448
7.5	0.87506	0.87564	0.87622	0.87679	0.87737	0.87795	0.87852	0.87910	0.87967	0.88024
7.6	0.88081	0.88138	0.88195	0.88252	0.88309	0.88366	0.88423	0.88480	0.88536	0.88593
7.7	0.88649	0.88705	0.88762	0.88818	0.88874	0.88930	0.88986	0.89042	0.89098	0.89154
7.8	0.89209	0.89265	0.89321	0.89376	0.89432	0.89487	0.89542	0.89597	0.89653	0.89708
7.9	0.89763	0.89818	0.89873	0.89927	0.89982	0.90037	0.90091	0.90146	0.90200	0.90255
8.0	0.90309	0.90363	0.90417	0.90472	0.90526	0.90580	0.90634	0.90687	0.90741	0.90795
8.1	0.90849	0.90902	0.90956	0.91009	0.91062	0.91116	0.91169	0.91222	0.91275	0.91328
8.2	0.91381	0.91434	0.91487	0.91540	0.91593	0.91645	0.91698	0.91751	0.91803	0.91855
8.3	0.91908	0.91960	0.92012	0.92065	0.92117	0.92169	0.92221	0.92273	0.92324	0.92376
8.4	0.92428	0.92480	0.92531	0.92583	0.92634	0.92686	0.92737	0.92788	0.92840	0.92891
8.5	0.92942	0.92993	0.93044	0.93095	0.93146	0.93197	0.93247	0.93298	0.93349	0.93399
8.6	0.93450	0.93500	0.93551	0.93601	0.93651	0.93702	0.93752	0.93802	0.93852	0.93902
8.7	0.93952	0.94002	0.94052	0.94101	0.94151	0.94201	0.94250	0.94300	0.94349	0.94399
8.8	0.94448	0.94498	0.94547	0.94596	0.94645	0.94694	0.94743	0.94792	0.94841	0.94890
8.9	0.94939	0.94988	0.95036	0.95085	0.95134	0.95182	0.95231	0.95279	0.95328	0.95376
9.0	0.95424	0.95472	0.95521	0.95569	0.95617	0.95665	0.95713	0.95761	0.95809	0.95856
9.1	0.95904	0.95952	0.95999	0.96047	0.96095	0.96142	0.96190	0.96237	0.96284	0.96332
9.2	0.96379	0.96426	0.96473	0.96520	0.96567	0.96614	0.96661	0.96708	0.96755	0.96802
9.3	0.96848	0.96895	0.96942	0.96988	0.97035	0.97081	0.97128	0.97174	0.97220	0.97267
9.4	0.97313	0.97359	0.97405	0.97451	0.97497	0.97543	0.97589	0.97635	0.97681	0.97727
9.5	0.97772	0.97818	0.97864	0.97909	0.97955	0.98000	0.98046	0.98091	0.98137	0.98182
9.6	0.98227	0.98272	0.98318	0.98363	0.98408	0.98453	0.98498	0.98543	0.98588	0.98632
9.7	0.98677	0.98722	0.98767	0.98811	0.98856	0.98900	0.98945	0.98989	0.99034	0.99078
9.8	0.99123	0.99167	0.99211	0.99255	0.99300	0.99344	0.99388	0.99432	0.99476	0.99520
9.9	0.99564	0.99607	0.99651	0.99695	0.99739	0.99782	0.99826	0.99870	0.99913	0.99957

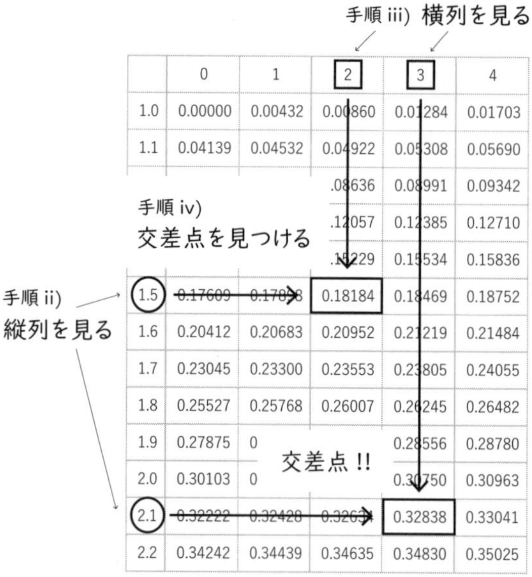

手順 iii) 横列を見る

	0	1	2	3	4
1.0	0.00000	0.00432	0.00860	0.01284	0.01703
1.1	0.04139	0.04532	0.04922	0.05308	0.05690
			.08636	0.08991	0.09342
			.12057	0.12385	0.12710
			.15229	0.15534	0.15836
1.5	0.17609	0.17808	0.18184	0.18469	0.18752
1.6	0.20412	0.20683	0.20952	0.21219	0.21484
1.7	0.23045	0.23300	0.23553	0.23805	0.24055
1.8	0.25527	0.25768	0.26007	0.26245	0.26482
1.9	0.27875	0		0.28556	0.28780
2.0	0.30103	0		0.30750	0.30963
2.1	0.32222	0.32420	0.32634	0.32838	0.33041
2.2	0.34242	0.34439	0.34635	0.34830	0.35025

手順 iv) 交差点を見つける

手順 ii) 縦列を見る

交差点 !!

図 A.1

先ほどと同じやり方で，今度は $2.13 = 10^{\bigcirc}$ という関係を満たす $\bigcirc$ の値を求めてみよう。

i) 2.13 を，2.1 と 3 に分解する。
ii) 2.1 を含む横長の列を見つける。
iii) 3 を含む縦長の列を見つける。
iv) 交差する位置の値 0.328 38 を見つける。

以上 i)-iv) より

$$2.13 \fallingdotseq 10^{0.328\,38}$$

という関係式を得る。

ここまで述べたのとは逆の操作を行うと，例えば

$$10^{0.5}(=\sqrt{10})$$

の値を小数で表すことも可能である。

i) 常用対数表の中から，0.5 に最も近い小数を見つける。
ii) 0.499 69 と 0.501 06 の二つが候補として見つかるが，前者のほうが 0.5 に近いため，前者を採用する。
iii) 0.499 69 に対応する左端の 2 けたの小数「3.1」と，上端の整数「6」を見つける。
iv) 3.1 と 6 を組み合わせて

$$10^{0.5} \fallingdotseq 3.16$$

を得る。

A.2 複素数と三角関数のつながり

3.7 節では，三角形や単位円などを用いて，三角関数 $\cos\theta$, $\sin\theta$, $\tan\theta$ を定義した。本節では，それとは別の方法として，複素数を用いた三角関数の定義を紹介する。

A.2.1 虚数 i を用いた三角関数の表現

虚数単位 i と自然対数の底 e を用いると，三角関数を式 (A.1) のように表すことができる。

$$\cos\theta = \frac{e^{i\theta} + e^{-i\theta}}{2}, \quad \sin\theta = \frac{e^{i\theta} - e^{-i\theta}}{2i}, \quad \tan\theta = \frac{\sin\theta}{\cos\theta} \tag{A.1}$$

式 (A.1) を導くには，$e^{i\theta}$ をマクローリン展開して

$$e^{i\theta} = 1 + (i\theta) + \frac{(i\theta)^2}{2!} + \frac{(i\theta)^3}{3!} + \frac{(i\theta)^3}{3!} + \frac{(i\theta)^4}{4!} + \frac{(i\theta)^5}{5!} + \cdots$$

$$= 1 + i\theta - \frac{\theta^2}{2!} - \frac{i\theta^3}{3!} + \frac{\theta^4}{4!} + \frac{i\theta^5}{5!} - \cdots$$

とし，右辺を実部と虚部に分けて

$$e^{i\theta} = \left(1 - \frac{\theta^2}{2!} + \frac{\theta^4}{4!} - \cdots\right) + i\left(\theta - \frac{\theta^3}{3!} + \frac{\theta^5}{5!} - \cdots\right) \tag{A.2}$$

とすればよい。式 (A.2) の右辺の (　) 内は，それぞれ $\cos\theta$ と $\sin\theta$ のマクローリン展開

$$\cos\theta = 1 - \frac{\theta^2}{2!} + \frac{\theta^4}{4!} - \cdots, \quad \sin\theta = \theta - \frac{\theta^3}{3!} + \frac{\theta^5}{5!} - \cdots \tag{A.3}$$

と等しいので，これらを式 (A.2) に代入すると

$$e^{i\theta} = \cos\theta + i\sin\theta \tag{A.4}$$

を得る。この式 (A.4) には，オイラーの公式という名前が付いている。

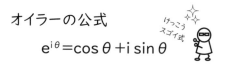

オイラーの公式

$$e^{i\theta} = \cos\theta + i\sin\theta$$

　このオイラーの公式を使うと，複素数を用いた三角関数の表現 (式 (A.1)) が，以下のようにして導かれる。オイラーの公式 (A.4) の両辺において，θ を $-\theta$ に置き換えてみよう。すると

$$e^{i(-\theta)}(= e^{-i\theta}) = \cos(-\theta) + i\sin(-\theta)$$

$$= \cos\theta - i\sin\theta \tag{A.5}$$

式 (A.4) と式 (A.5) より $\sin\theta$ を消去すると

$$\cos\theta = \frac{e^{i\theta} + e^{-i\theta}}{2} \tag{A.6}$$

が導かれる。同様に，式 (A.4) と式 (A.5) より $\cos\theta$ を消去すると

$$\sin\theta = \frac{e^{i\theta} - e^{-i\theta}}{2i} \tag{A.7}$$

が導かれる。

A.2.2 複素平面を用いた三角関数の表現

さて，複素数を用いて表現された三角関数

$$\cos\theta = \frac{e^{i\theta} + e^{-i\theta}}{2}, \quad \sin\theta = \frac{e^{i\theta} - e^{-i\theta}}{2i} \tag{A.8}$$

という二つの式は，複素平面を用いて導出することもできる。

複素平面とは，複素数 $a+ib$ を，二次元平面内のベクトル (a,b) に対応づけることで得られる平面のことである (図 **A.2**)[†]。この平面上には，横軸として実軸 (Real axis，略して Re)，縦軸として虚軸 (Imaginary axis，略して Im) が設定されている。そのうえで，実部が a，虚部が b の複素数 $a+ib$ を，平面上のベクトル (a,b) と同一視するのである。

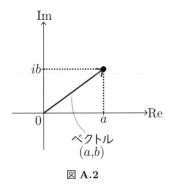

図 **A.2**

さて，このベクトル (a,b) の長さ r は，三平方の定理から

$$r = \sqrt{a^2 + b^2} \tag{A.9}$$

と表せることはわかるだろう。また，このベクトルと横軸 (実軸) のなす角度 θ は，図 **A.3** より，a と b を用いて

[†] 複素平面のこと，ガウス平面とも呼ぶ。

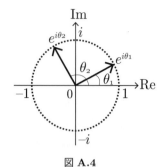

図 A.3　　　　　　　　　　　　　図 A.4

$$\tan\theta = \frac{b}{a} \tag{A.10}$$

と書ける。じつは，ここで導入した r と θ は，式 (A.11) のように a と b と結び付くことが知られている。

$$a + ib = re^{i\theta} \tag{A.11}$$

　式 (A.11) を導くには，先ほど求めたオイラーの公式 $e^{i\theta} = \cos\theta + i\sin\theta$ を用いればよい。この両辺に r をかけると

$$re^{i\theta} = r\cos\theta + i \cdot r\sin\theta \tag{A.12}$$

また，図 A.3 に示した三角形の辺の長さを用いると，三角比の関係から

$$a = r\cos\theta, \quad b = r\sin\theta \tag{A.13}$$

したがって，式 (A.13) を式 (A.12) に代入すれば，r と θ の組と，a と b の組を結び付ける式 (A.11) を得る。

　ここで導いた式 (A.11) の記法 $re^{i\theta} = a + ib$ を使うと，式 (A.1) で示した三角関数の表現

$$\cos\theta = \frac{e^{i\theta} + e^{-i\theta}}{2}, \quad \sin\theta = \frac{e^{i\theta} - e^{-i\theta}}{2i} \tag{A.14}$$

が自然と導かれる。これを見るために，まず原点から延びる長さ 1 のベクトルは，角度 θ の値によらず，すべて $e^{i\theta}$ という形で書けることに注意しよう (図 A.4)。そこで，横軸となす角度がそれぞれ $+\theta$ と $-\theta$ である二つのベクトル $e^{i\theta}$ と $e^{i(-\theta)}(= e^{-i\theta})$ を用意し，それらのベクトル和 (または差) を考える (図 A.5，図 A.6)。すると，ベクトル $e^{i\theta}$ の横軸成分と縦軸成分が，それぞれ

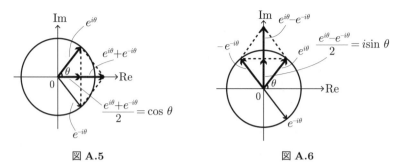

図 A.5   図 A.6

$$\text{横軸成分}: \ \frac{e^{i\theta} + e^{-i\theta}}{2}, \quad \text{縦軸成分}: \ \frac{e^{i\theta} - e^{-i\theta}}{2} \tag{A.15}$$

と表されることがわかる。すなわち，ベクトル $e^{i\theta}$ は，式 (A.16) のように式 (A.15) に示した二つのベクトルの和なのである。

$$e^{i\theta} = \left(\frac{e^{i\theta} + e^{-i\theta}}{2} \right) + \left(\frac{e^{i\theta} - e^{-i\theta}}{2} \right) \tag{A.16}$$

これを少し書き換えて

$$e^{i\theta} = \left(\frac{e^{i\theta} + e^{-i\theta}}{2} \right) + i \left(\frac{e^{i\theta} - e^{-i\theta}}{2i} \right) \tag{A.17}$$

とし，オイラーの公式 $e^{i\theta} = \cos\theta + i\sin\theta$ と比較すると，確かに前述の三角関数の表現

$$\cos\theta = \frac{e^{i\theta} + e^{i\theta}}{2}, \quad \sin\theta = \frac{e^{i\theta} - e^{-i\theta}}{2i} \tag{A.18}$$

を得る。

A.2.3 オイラーの公式の応用例

指数関数 e^x は，x の値が複素数の場合でも関数として扱うことができる。特に x が純虚数のとき (例えば，θ を実数として，$x = i\theta$ と書けるとき) は，式 (A.19) の関係式が成り立つ。

$$e^{i\theta} = \cos\theta + i\sin\theta \quad (\theta\text{は任意の実数}) \tag{A.19}$$

式 (A.19) を，オイラーの公式と呼ぶ。式 (A.19) が正しいことは，両辺をマクローリン展開して，θ の各累乗の項を比較すれば，容易に示すことができる (式 (A.2) を参照)。

じつはこのオイラーの公式からは，びっくりするほどたくさんのことが導かれるのである。

例えばオイラーの公式 (A.19) の両辺に $\theta = \pi$，$\theta = 2\pi$ をそれぞれ代入すると

$$e^{\pi i} = \cos\pi + i\sin\pi = -1 + i \times 0 = -1$$
$$e^{2\pi i} = \cos 2\pi + i\sin 2\pi = 1 + i \times 0 = 1$$

これらの結果は，二つの無理数 π，e と一つの虚数 i の組合せによって，整数 ± 1 が生まれるという，おどろくべき結果といえよう。

$$e^{\pi i} = -1 \qquad \text{e と } \pi \text{ と i を} \\ \text{組み合わせると} \\ -1 \text{ になる！}$$

つぎに，オイラーの公式 (A.19) の両辺に $\theta = \pm\pi/2$ を代入すると

$$e^{\frac{\pi i}{2}} = \cos\frac{\pi}{2} + i\sin\frac{\pi}{2} = i \tag{A.20}$$
$$e^{-\frac{\pi i}{2}} = \cos\left(-\frac{\pi}{2}\right) + i\sin\left(-\frac{\pi}{2}\right) = -i \tag{A.21}$$

となる。この結果を用いると，例えば式 (A.22) のような計算ができる。

$$i^i = \left(e^{\frac{\pi i}{2}}\right)^i = e^{\frac{\pi i}{2} i \times i} = e^{-\frac{\pi}{2}} \simeq 0.208 \tag{A.22}$$

なんと虚数 i の i 乗は，実数 (およそ 0.2) になるのである！ †

アイのアイ乗 (i^i) は実数になる

さらにオイラーの公式 (A.19) の θ を $-\theta$ に置き換えると

$$e^{i(-\theta)} = e^{-i\theta} \tag{A.23}$$

かつ

---

† 厳密にいうと，i^i の値はただ一つには決めることができず

$$i^i = \exp\left(-\frac{\pi}{2} + 2n\pi\right)$$

(n は任意の整数) となる。このあたりの内容は，複素関数という数学の分野を学べば導出できるのだが，本書の範ちゅうを超えるので，ここでは解説を控える。

$$e^{i(-\theta)} = \cos(-\theta) + i\sin(-\theta) = \cos\theta - i\sin\theta \tag{A.24}$$

なので，両者の結果から

$$e^{-i\theta} = \cos\theta - i\sin\theta \tag{A.25}$$

を得る。つまりオイラーの公式 $e^{i\theta} = \cos\theta + i\sin\theta$ の「i」の部分の符号を機械的に変えて

$$e^{-i\theta} = \cos\theta - i\sin\theta \tag{A.26}$$

とした式も，やはり正しいのである。

オイラーの公式のうまみは，これだけに収まらない。例えばこの公式を用いると，三角関数にまつわるさまざまな公式を簡単に求めることができる。

三角関数がらみの公式は
すべてオイラーの公式から導ける!!

1) 加法定理　　まず，オイラーの公式 (A.19) に $\theta = \alpha + \beta$ を代入して

$$e^{i(\alpha+\beta)} = \cos(\alpha+\beta) + i\sin(\alpha+\beta) \tag{A.27}$$

つぎに，指数関数について一般に成り立つ関係式 $e^{x+y} = e^x e^y$ を用いると

$$e^{i(\alpha+\beta)} = e^{i\alpha}e^{i\beta} = (\cos\alpha + i\sin\alpha)(\cos\beta + i\sin\beta)$$
$$= (\cos\alpha\cos\beta - \sin\alpha\sin\beta) + i(\sin\alpha\cos\beta + \cos\alpha\sin\beta) \tag{A.28}$$

式 (A.27) と式 (A.28) の実部と虚部をそれぞれ見比べて

$$\cos(\alpha+\beta) = \cos\alpha\cos\beta - \sin\alpha\sin\beta \tag{A.29}$$
$$\sin(\alpha+\beta) = \sin\alpha\cos\beta + \cos\alpha\sin\beta \tag{A.30}$$

この結果は，加法定理そのものである[†]。

2) 補角の公式　　$\cos(\pi - \theta) = -\cos\theta, \ \sin(\pi - \theta) = \sin\theta$

オイラーの公式 (A.19) に $\alpha = \pi, \ \beta = -\theta$ をそれぞれ代入すると

[†]　本来，加法定理という概念は，三角関数に限らずもっと広い関数に使われる概念である。一般に，ある関数 $f(x)$ の変数 x を $x + y$ に置き換えたとき，その $f(x+y)$ がもとの $f(x)$ と $f(y)$ を用いてどのように表せるか。その表し方を与える公式が，より広い意味での加法定理である。例えば指数関数 $f(x) = a^x$ の場合は，$a^{x+y} = a^x a^y$ からわかるとおり，$f(x+y) = f(x)f(y)$ という加法定理が成り立つ。また，線形関数 $f(x) = cx$ に対しては，$f(x+y) = f(x) + f(y)$ という加法定理が成り立つ。

$$e^{i(\pi-\theta)} = \cos(\pi - \theta) + i\sin(\pi - \theta) \tag{A.31}$$

また，一般に $e^{x+y} = e^x e^y$ なので

$$e^{i(\pi-\theta)} = e^{i\pi}e^{i(-\theta)} = (-1) \times e^{-i\theta}$$

$$= -(\cos\theta - i\sin\theta) = -\cos\theta + i\sin\theta \tag{A.32}$$

式 (A.31) と，式 (A.32) の実部と虚部をそれぞれ比較して

$$\cos(\pi - \theta) = -\cos\theta, \quad \sin(\pi - \theta) = \sin\theta \tag{A.33}$$

これらは補角の公式と呼ばれるものである [†1]。

3) 余角の公式　　$\cos\left(\dfrac{\pi}{2} - \theta\right) = \sin\theta, \ \sin\left(\dfrac{\pi}{2} - \theta\right) = \cos\theta$

オイラーの公式 (A.19) に $\alpha = \dfrac{\pi}{2}, \beta = -\theta$ をそれぞれ代入して

$$e^{i\left(\frac{\pi}{2}-\theta\right)} = \cos\left(\frac{\pi}{2} - \theta\right) + i\sin\left(\frac{\pi}{2} - \theta\right) \tag{A.34}$$

$e^{x+y} = e^x e^y$ を用いて左辺を変形すると

$$e^{i\left(\frac{\pi}{2}-\theta\right)} = e^{i\frac{\pi}{2}}e^{i(-\theta)} = ie^{-i\theta}$$

$$= i \times (\cos\theta - i\sin\theta) \quad = i\cos\theta + \sin\theta \tag{A.35}$$

式 (A.34) と (A.35) の実部と虚部をそれぞれ比較して

$$\cos\left(\frac{\pi}{2} - \theta\right) = \sin\theta, \quad \sin\left(\frac{\pi}{2} - \theta\right) = \cos\theta \tag{A.36}$$

これらの式は，余角の公式と呼ばれる [†2]。

A.3　$(\sin x)/x \to 1$　$(x \to 0)$ の証明

本節では，式 (A.37) に示した極限値の厳密な証明を与える。

$$\lim_{x\to 0}\frac{\sin x}{x} = 1, \quad \lim_{x\to 0}\frac{1-\cos x}{x} = 0 \tag{A.37}$$

その証明の準備として，半径 r，中心角 θ の扇形の面積 A の求め方を復習しよう (図 **A.7**)。この扇形の面積 A は，円全体の面積 πr^2 との比を考えることによって，式 (A.38) のように求まる。

[†1]　$\angle A$ と $\angle B$ の和が $180°$ のとき，$\angle B$ を $\angle A$ の補角と呼ぶ (同じく $\angle A$ を $\angle B$ の補角と呼ぶ)。

[†2]　$\angle A$ と $\angle B$ の和が直角のとき，$\angle B$ を $\angle A$ の (または $\angle A$ を $\angle B$ の) 余角と呼ぶ。

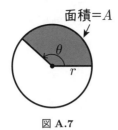

面積=A

図 A.7

$$\frac{A}{\pi r^2} = \frac{\theta}{2\pi} \quad \left[\frac{\text{扇形の面積}}{\text{円の面積}} = \frac{\text{扇形の中心角}}{\text{円の中心角}} \right] \tag{A.38}$$

ちなみに，式 (A.38) の右辺では，角度をラジアン単位 (つまり 1 回転を 2π とする角度の単位) で測っていることに注意しよう[†]。式 (A.38) より，扇形の面積 A は

$$A = \frac{1}{2}r^2\theta \tag{A.39}$$

で与えられる。以下の議論では，式 (A.39) を用いる。

まずはじめに，半径 1 の単位円の周囲に，図 **A.8** に示した三つの点 P, Q, R を配置しよう。ここで，中心角 x の単位はラジアンとし，かつ x は正の値で，$0 < x < \pi/2$ の範囲を動くとする (角度 x が負の場合は，あとで議論する)。そのうえで，三角形 OQR，扇形 OPR，三角形 OPR の面積を求めてみる。

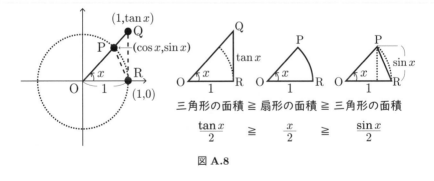

三角形の面積 $\geqq$ 扇形の面積 $\geqq$ 三角形の面積

$$\frac{\tan x}{2} \quad \geqq \quad \frac{x}{2} \quad \geqq \quad \frac{\sin x}{2}$$

図 A.8

まず，一番大きい三角形 OQR は，底辺の長さが 1，高さ RQ が $\tan x$ の三角形とみなせる。よってその面積は

[†] もし角度の単位として度数単位 (1 回転を $360°$ とする角度の単位) を用いると，式 (A.38) の右辺は $\theta/360$ としなければならず，それ以降の議論が (そのままでは) 成立しなくなる。

$$[\text{三角形 OQR の面積}] = \frac{1}{2} \times 1 \times \tan x = \frac{\tan x}{2} \tag{A.40}$$

つぎに扇形 OPR の面積は，先ほど導いた式 (A.39) を用いて

$$[\text{扇形 OPR の面積}] = \frac{1}{2} \times 1^2 \times x = \frac{x}{2} \tag{A.41}$$

最後に，一番小さい三角形 OPR の面積を考える。底辺の長さを 1 とすると，高さ (すなわち点 P の縦座標) は $\sin x$ なので

$$[\text{三角形 OPR の面積}] = \frac{1}{2} \times 1 \times \sin x = \frac{\sin x}{2} \tag{A.42}$$

この三つの図形の面積の大小関係は，図 A.8 より明らかに

$$\frac{\tan x}{2} \geqq \frac{x}{2} \geqq \frac{\sin x}{2} \tag{A.43}$$

である。この不等式の全体に $\dfrac{2}{\sin x}$ をかけると

$$\frac{1}{\cos x} \geqq \frac{x}{\sin x} \geqq 1 \tag{A.44}$$

さらにすべての項の逆数をとると，不等号の向きが逆転して

$$\cos x \leqq \frac{\sin x}{x} \leqq 1 \tag{A.45}$$

を得る。

最後に，式 (A.45) のすべての項で，$x \to +0$ の極限をとろう[†1]。すると式 (A.45) の左辺 $\cos x$ は

$$\lim_{x \to +0} \cos x = \cos 0 = 1 \tag{A.46}$$

となる。式 (A.45) の右辺はもともと 1 である。したがって，それらに挟まれた中辺 $(\sin x)/x$ も 1 に近づくはずである[†2]。以上より

$$\lim_{x \to +0} \frac{\sin x}{x} = 1 \tag{A.47}$$

を得る。

[†1] ここでは x のとりえる範囲を $0 < x < \pi/2$ に限定しているので，x を 0 に近づける際にも，x の値は常に正でなければならない。つまり，0 よりも大きい側から 0 に近づける必要があるので，わざわざ 0 の前に符号 + を付けて $x \to +0$ と表記した。

[†2] 一般に，ある関数 (いまの場合は $(\sin x)/x$) が，同じ極限値をもつ二つの関数 (いまの場合，$\cos x$ と 1) に挟まれている場合，この関数もやはり同じ極限値をもつ。これを，はさみうちの原理と呼ぶ。

ここまでは $0 < x < \pi/2$ の領域，すなわち x が正の範囲を考えてきた。しかしじつは，式 (A.47) の結論は x が負の範囲でも成り立つ。x が負の場合は，三つの図形の面積を式で表す際，面積の値が正になるように，マイナスの符号を式に付けて

$$[三角形 \mathrm{OQR} \ の面積] = -\frac{\tan x}{2}$$

$$[扇形 \mathrm{OPR} \ の面積] = -\frac{x}{2}$$

$$[三角形 \mathrm{OPR} \ の面積] = -\frac{\sin x}{2}$$

とすればよい。そのうえで，$x(<0)$ の代わりに，新しい変数 $u = -x(>0)$ を用いれば

$$[三角形 \mathrm{OQR} \ の面積] = -\frac{\tan(-u)}{2} = \frac{\tan u}{2}$$

$$[扇形 \mathrm{OPR} \ の面積] = -\frac{(-u)}{2} = \frac{u}{2}$$

$$[三角形 \mathrm{OPR} \ の面積] = -\frac{\sin(-u)}{2} = \frac{\sin u}{2}$$

となり，x が正の場合とまったく同じ不等式が得られる[†]。

以上より，式 (A.47) は，$x \to +0$ の極限でも $x \to -0$ の極限でも成り立つことがわかった。よって符号 $+$ や $-$ を取り除いて

$$\lim_{x \to 0} \frac{\sin x}{x} = 1 \tag{A.48}$$

と書ける。これが，そもそも証明したかった極限の一つ，式 (A.37) の左側であった。式 (A.48) の極限は，三角関数 $\sin x$ の微分 $(\cos x)' = -\sin x$ や $(\sin x)' = \cos x$ を証明する際に用いられる。それ以外にも，さまざまな関数の微分や積分を扱う際によく登場する，いわばスター選手の一人である。

極限 $\displaystyle\lim_{x \to 0} \frac{\sin x}{x} = 1$ は，微積分学のスター選手。

もう一つの証明すべき式 (A.37) の右側は，上で得た結論と，三角関数の恒等式 $\sin^2 x = 1 - \cos^2 x$ を用いることで，式 (A.49) のように示すことができる。

[†] ここで，恒等式 $\sin(-u) = -\sin u$ と $\cos(-u) = \cos u$ を用いた。

$$\lim_{x \to 0} \frac{1 - \cos x}{x} = \lim_{x \to 0} \left(\frac{1 - \cos x}{x} \cdot \frac{1 + \cos x}{1 + \cos x} \right) = \lim_{x \to 0} \frac{\sin^2 x}{x(1 + \cos x)}$$

$$= \lim_{x \to 0} \left(\frac{\sin x}{x} \cdot \frac{\sin x}{1 + \cos x} \right)$$

$$= 1 \times \frac{0}{1 + 1} = 0 \tag{A.49}$$

ここまでに得た極限の式 (A.48) と式 (A.49) を用いると，三角関数 $\cos x$ の導関数を，微分の定義に従って

$$f'(x) = \lim_{h \to 0} \frac{\cos(x + h) - \cos x}{h}$$

$$= \cos x \cdot \left(\lim_{h \to 0} \frac{\cos h - 1}{h} \right) - \sin x \cdot \left(\lim_{h \to 0} \frac{\sin h}{h} \right)$$

$$= \cos x \cdot 0 - \sin x \cdot 1 \ = -\sin x \tag{A.50}$$

と導くことができる。

A.4　合成関数の微分，厳密な証明

A.4.1　前準備その1

本節では，$y = f(u)$ と $u = g(x)$ の合成関数 $y = f(g(x))$ に対して

$$\frac{dy}{dx} = \frac{dy}{du} \cdot \frac{du}{dx} \tag{A.51}$$

が成り立つことを，厳密に証明する。

6.5 節で与えた証明の問題点は，$g(x)$ が定数関数 $g(x) = c$ の場合 (もしくは一部の x の領域で $g(x) = c$ となる場合) を，正しく扱えないという点であった。この問題点を克服するには，つぎのような発想の転換が必要となる。

まずは，微分という数学的操作の意味を見直そう。ある関数 $f(x)$ が $x = c$ で微分できるという言葉の意味は，そもそもどういう意味であったろうか？それは，ある定数 α を用いて

$$\varepsilon(h) = \frac{f(c + h) - f(c)}{h} - \alpha \quad (\text{ただし } h \neq 0) \tag{A.52}$$

という (h の) 関数 $\varepsilon(h)$ を考えたときに

「$h \to 0$ の極限で $\varepsilon(h) \to 0$ になるような

都合のよい定数 α を見つけることができる」 (A.53)

という意味であった。そして, そのような都合のよい定数 α を「$f(x)$ の $x = c$ における微分係数」と呼ぶのであった[†]。

ここでは, 式 (A.52) を式 (A.54) のように書き直してみよう。分母 h を払ったうえで $f(c+h)$ について解くと, 式 (A.52) は

$$f(c+h) = f(c) + \alpha h + h\varepsilon(h) \quad (\text{ただし } h \neq 0) \tag{A.54}$$

と書ける。ここで, 式 (A.54) の右辺に現れた二つの項 αh と $h\varepsilon(h)$ は, どちらも $h \to 0$ で 0 に近づく。ただし注目すべきは, 0 に近づく「スピード」である。

じつは, h を 0 に近づけた場合, αh よりも $h\varepsilon(h)$ のほうが断然速く 0 に近づくのだ。なぜなら, もし $f(x)$ が $x = c$ で微分できるならば, h が小さくなるにつれて, $\varepsilon(h)$ もどんどん小さくなる (式 (A.53) を参照)。つまり, 式 (A.54) の一番右にある $h\varepsilon(h)$ は, どんどん小さくなる量 ($=h$) とどんどん小さくなる量 ($=\varepsilon(h)$) の積なのだ。例えば, h が

$$\frac{1}{2}, \quad \frac{1}{3}, \quad \frac{1}{4}, \cdots$$

というスピードで 0 に近づくのに対し, h と $\varepsilon(h)$ の積は

$$\frac{1}{2} \times \frac{1}{10}, \quad \frac{1}{3} \times \frac{1}{20}, \quad \frac{1}{4} \times \frac{1}{30}, \cdots$$

という圧倒的なスピードで 0 に近づく, というイメージである。

したがって h が十分小さければ, 式 (A.54) の一番右にある項 $h\varepsilon(h)$ は無視できるほど小さくなるため, $f(c+h)$ は

$$f(c+h) \simeq f(c) + \alpha h \tag{A.55}$$

と近似できる。言い換えると, $x = c$ の十分近くでは, $f(x)$ を $f(c) + \alpha(x - c)$ という一次式で近似できることになる。

この「$x = c$ の近くでは $f(x)$ を一次式で近似できる」ということが, 「$x = c$ で $f(x)$ を微分できる」ということの意味である。そして, 一次式で近似したときに現れる比例係数 α こそが, $x = c$ における $f(x)$ の微分係数 $f'(c)$ にほかならない (図 **A.9**)。

[†] もし, そうした都合のよい定数が見つからない (存在しない) ときは, $f(x)$ は $x = c$ で微分できない, ということである。

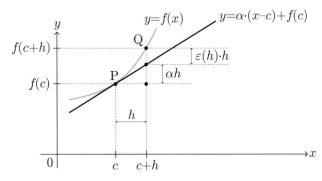

図 A.9　点 Q が点 P にどんどん近づいたとき，$\varepsilon(h) \cdot h$ が αh より
も速く 0 に近づくならば，$f(x)$ は $x = c$ で微分できる。

A.4.2　前準備その 2

さて，ここまでの説明では，「$f(x)$ が $x = c$ で微分できる」ということを，異なる
二つの表現で表した。しかし本質的には，どちらも同じことをいっているに過ぎな
い。式 (A.52) を用いても，式 (A.54) を用いても，けっきょく「$f(x)$ が $x = c$ で微
分できる」というのは，「$h \to 0$ で $\varepsilon(h) \to 0$ となる」という意味に過ぎないからで
ある。ではなぜ，もとの式 (A.52) をわざわざ式 (A.54) に書き換えたのだろうか?

その理由は，式 (A.54) を用いると，h = 0 における $\varepsilon(h)$ の値 $\varepsilon(0)$ を，新たに定
義できるからである。そして，この下線部の事実こそが，合成関数の微分に関する式
(A.51) の厳密な証明に，必要不可欠なのだ。

では，$\varepsilon(0)$ を新たに定義するとは，いったいどういうことだろうか?　それを考え
るために，$\varepsilon(h)$ を定義したもともとの式 (A.52) を見直してみよう。

$$\varepsilon(h) = \frac{f(c+h) - f(c)}{h} - \alpha \qquad (ただし h \neq 0)$$

この式を用いている限りは，h = 0 における $\varepsilon(h)$ の値を定義できないことがわかる。
なぜなら，むりに h = 0 とおくと，分数が 0/0 の不定形になってしまい，その値を
確定できないためである。しかし式 (A.53) で述べているとおり，どうせ $h \to 0$ で
$\varepsilon \to 0$ になることはわかっている。それならば，h = 0 で $\varepsilon(0) = 0$ だと定義したく
なるのが人情である。こうした「後だしジャンケン」のような定義を許してくれるの
が，書き換えたあとの式 (A.54)，つまり

$$f(c+h) = f(c) + \alpha h + h\varepsilon(h)$$

なのである。

確かに，この書き換えたあとの式で新たに $\varepsilon(0) = 0$ だと約束しても，先ほどの (0/0 の不定形のような) 困ったことはなにも起きない。実際，この式に $h = 0$ を代入しても，単に $f(c) = f(c)$ というあたりまえの式が返ってくるだけである。すなわち，もとの $\varepsilon(h)$ の定義式である

$$\varepsilon(h) = \frac{f(c+h) - f(c)}{h} - \alpha$$

は $\underline{h = 0\text{ で成立しない}}$（というか，$h = 0$ を代入することが許されていない）が，書き換えたあとの式である

$$f(c + h) = f(c) + \alpha h + h\varepsilon(h)$$

は（$\varepsilon(0) = 0$ と新しく約束することによって）$\underline{h = 0\text{ でも成立させることができる}}$のである。このわずかな違いが，じつは合成関数の微分の証明において，威力を発揮するのである。

A.4.3 合成関数の式の証明

前項までの前準備を終えたうえで，いよいよ以下では，$y = f(u)$ と $u = g(x)$ の合成関数 $y = f(g(x))$ に対する微分の公式

$$\frac{dy}{dx} = \frac{dy}{du} \cdot \frac{du}{dx}$$

を，厳密に証明しよう。

まず，$f(u)$ の導関数 $f'(u) = dy/du$ と，$g(x)$ の導関数 $g'(x) = du/dx$ を用いて，以下の関係式を準備する。

$$f(u + \Delta u) - f(u) = \Delta u \cdot f'(u) + \Delta u \cdot \varepsilon_1(\Delta u) \tag{A.56}$$

$$g(x + \Delta x) - g(x) = \Delta x \cdot g'(x) + \Delta x \cdot \varepsilon_2(\Delta x) \tag{A.57}$$

これら二つの式は，どちらも式 (A.54) とまったく同じ形をしていることに注意されたい。ここで，$\varepsilon_1(\Delta u)$ は Δu の関数であり，$\Delta u = 0$ で $\varepsilon_1 = 0$ だと約束する。つまり式 (A.56) は，$\Delta u = 0$ でも成り立つ式だと定義するのである†。また，$\varepsilon_2(\Delta x)$ は Δx の関数で，$\Delta x \to 0$ で $\varepsilon_2 \to 0$ とする。

---

† この点が，6.5 節で述べた証明と異なる点である。6.5 節の議論は，分数 $[f(u + \Delta u) - f(u)]/\Delta u$ を用いた議論だったため，$\Delta u = 0$ の場合（つまり分母が 0 になる場合）を考慮することができなかった。しかし本節の議論では，$\Delta u = 0$ の場合も考慮に入っている。したがって，図 6.3 で示したような $u = g(x)$ が定数関数となる状況においても，本節の議論はなんの問題もなく適用できるのである。

式 (A.57) の左辺は Δu に等しい。つまり

$$\Delta u = \Delta x \cdot g'(x) + \Delta x \cdot \varepsilon_2(\Delta x) \tag{A.58}$$

これを式 (A.56) に代入すると

$$f(u + \Delta u) - f(u) = \Big[\Delta x \cdot g'(x) + \Delta x \cdot \varepsilon_2(\Delta x)\Big] f'(u)$$
$$+ \Big[\Delta x \cdot g'(x) + \Delta x \cdot \varepsilon_2(\Delta x)\Big] \varepsilon_1(\Delta u) \tag{A.59}$$

両辺を Δx で割り，式を整理すると

$$\frac{f(u + \Delta u) - f(u)}{\Delta x}$$
$$= f'(u)g'(x) + \Big[\varepsilon_2(\Delta x) \cdot f'(u) + \varepsilon_1(\Delta u) \cdot g'(x) + \varepsilon_1(\Delta u)\varepsilon_2(\Delta x)\Big] \tag{A.60}$$

ここで $\Delta x \to 0$ の極限をとる。式 (A.58) より，$\Delta x \to 0$ のとき $\Delta u \to 0$ なので，式 (A.60) の右辺の [　] 内の項は，すべて 0 に近づく。したがって

$$\lim_{\Delta x \to 0} \frac{f(u + \Delta u) - f(u)}{\Delta x} = f'(u)g'(x) \tag{A.61}$$

が成り立つ。この式は

$$\frac{dy(u)}{dx} = \frac{dy(u)}{du} \cdot \frac{du(x)}{dx} \tag{A.62}$$

を意味している。以上で，厳密な証明は終わり！

　大事なポイントは，関数 $y = f(u)$ が微分できるということを表現する際に

$$\frac{f(u + \Delta u) - f(u)}{\Delta u} \tag{A.63}$$

というような分数を使うのではなく

$$f(u + \Delta u) = f(u) + f'(u) \cdot \Delta u + \varepsilon_1(\Delta u) \cdot \Delta u \tag{A.64}$$

という「分母に Δu を含まない」形を使う点であった。なぜなら後者の形は，$\Delta u = 0$ でも不都合なく使えるからである。

A.5　円錐と円錐台の幾何

A.5.1　円錐台の側面積

　底の半径が r_1 と r_2，母線の長さが ℓ の円錐台 (図 A.10) を考える。この円錐台の側面積 S は

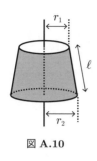

図 **A.10**

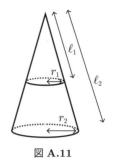

図 **A.11**

$$S = \pi(r_1 + r_2)\ell \tag{A.65}$$

という式で表すことができる†。本節では，式 (A.65) の導出を行う。

図 A.10 の側面積 S(灰色で塗った面積) を求めるためには，**図 A.11** に示した大きな円錐 (底面の半径が r_2) の側面積 S_2 から，小さな円錐 (底面の半径が r_1) の側面積 S_1 を引けばよい。

では，S_1 と S_2 はどのように求まるのか。一般に底面の半径 r，母線の長さ ℓ の円錐の側面積を知るには，母線に沿ってこの円錐に切れ目を入れ，平面状の扇形に展開すればよい (**図 A.12**)。

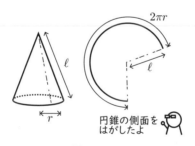

円錐の側面を
はがしたよ

図 **A.12**

図 A.12 の右側に示したこの扇形は，半径 ℓ の円から，弧の長さ $2\pi r$ に相当する部分を抜き出したものである。したがって，この扇形の面積 S_0 は

$$\frac{S_0}{\pi\ell^2} = \frac{2\pi r}{2\pi\ell} \quad \left[\frac{\text{扇形の面積}}{\text{円の面積}} = \frac{\text{扇形の弧の長さ}}{\text{円周の長さ}}\right] \tag{A.66}$$

という関係を満たす。式 (A.66) を S_0 について解くと

---

† もし $r_1 = r_2(= r)$ とおくと，$S = 2\pi r\ell$ を得る。これは (図 A.10 からわかるとおり) 底面の半径が r，高さが ℓ の円筒の側面積に等しい。

$$S_0 = \pi r \ell \tag{A.67}$$

という結果を得る。これが図 A.12 の左の円錐 (底面の半径 r, 母線の長さ ℓ) の側面積の式である。

この式 (A.67) を用いると, 図 A.11 に示した二つの円錐の側面積 S_2, S_1 はそれぞれ

$$S_2 = \pi r_2 \ell_2, \quad S_1 = \pi r_1 \ell_1 \tag{A.68}$$

と書ける。あとは $S_2 - S_1$ を, r_1, r_2, ℓ の式で表すことができればよい (図 A.10)。そのために, 図 **A.13** に示した三角形の相似関係に注目しよう。

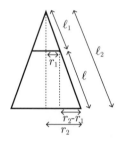

図 **A.13**

辺の長さの比から得られる式

$$\frac{\ell_1}{r_1} = \frac{\ell}{r_2 - r_1} \tag{A.69}$$

と, 自明な式 $\ell_2 = \ell + \ell_1$ を用いると, S_2 と S_1 の差は

$$\begin{aligned}
S_2 - S_1 &= \pi(r_2 \ell_2 - r_1 \ell_1) \\
&= \pi \left[r_2 \left(\ell + \frac{r_1}{r_2 - r_1} \ell \right) - r_1 \cdot \frac{r_1}{r_2 - r_1} \ell \right] \\
&= \pi(r_2 + r_1)\ell
\end{aligned} \tag{A.70}$$

と書ける。これがまさに, 図 A.10 で与えた円錐台の側面積を与える式 (A.65) である。

A.5.2　円錐台の体積

底の半径が r_1 と r_2 で, 高さが h の円錐台 (図 **A.14**) を考えよう。この円錐台の体積 V は, r_1, r_2, h を用いて

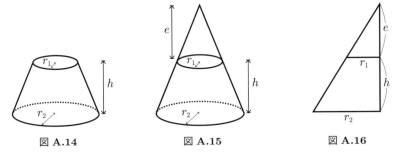

図 A.14   図 A.15   図 A.16

$$V = \frac{\pi}{3}h\left(r_1^2 + r_1 r_2 + r_2^2\right) \tag{A.71}$$

という式で与えられる。本項では，この円錐台の体積を与える公式 (A.71) を導出しよう。

式 (A.71) を示すには，図 **A.15** に示した大きな円錐 (底の半径が r_2) の体積から，小さな円錐 (底の半径が r_1) の体積を差し引けばよい。すなわち

$$V = \frac{\pi}{3}\cdot r_2^2(h+e) - \frac{\pi}{3}r_1^2 e \tag{A.72}$$

ここで，図 **A.16** に示した二つの三角形の相似関係

$$\frac{e}{r_1} = \frac{h+e}{r_2} \tag{A.73}$$

に注目しよう。式 (A.72) と式 (A.73) より e を消去して整理すると

$$V = \frac{\pi}{3}r_2^2\cdot\frac{r_2}{r_2-r_1}h - \frac{\pi}{3}r_1^2\cdot\frac{r_1}{r_2-r_1}h \;=\; \frac{\pi}{3}\cdot\frac{r_2^3-r_1^3}{r_2-r_1}\cdot h$$

$$= \frac{\pi}{3}\cdot\frac{(r_2-r_1)(r_2^2+r_2 r_1+r_1^2)}{r_2-r_1}\cdot h$$

$$= \frac{\pi}{3}h(r_2^2+r_2 r_1+r_1^2)$$

以上で，求めたかった式 (A.71) が導出できた[†]。

A.5.3 円錐の体積にはなぜ 1/3 が付くのか

図 **A.17** に示した円錐の体積 V は

[†] ちなみに，この式において $r_1 = 0$ とおくと，V は円錐の体積となる。また，$r_1 = r_2$ とおけば，V は円柱の体積となる。

図 **A.17**

$$V = \frac{1}{3} \times (\text{底面積}) \times (\text{高さ}) = \frac{1}{3}Ah \tag{A.74}$$

で与えられる。この式を初めて見た人が，おそらく不思議に感じるのは，式 (A.74) の係数 1/3 がでてくる理由であろう。これは要するに，x^2 の積分 $x^3/3$ の係数からきているのだが，それだと積分を習うまでは式 (A.74) の導出を理解できないことになる。

そこで以下では，この係数 1/3 を，積分を用いずに導く方法を紹介する。まず前提とするのが，式 (A.75) である。

$$V = c \times (\text{底面積}) \times (\text{高さ}) = cAh \tag{A.75}$$

つまり，円錐の体積 V は，その高さ h と底面積 A に比例すると仮定するのである。この比例関係は，円柱では当然成り立つ (**図 A.18**)。円錐は，これらの円柱の一部を切り取ったものであるから，円錐に対しても式 (A.75) が成り立つと仮定するのである。この仮定が正しいであろうことは，図 A.18 からも直観的に理解できるであろう。

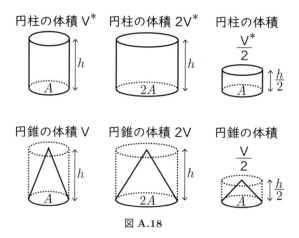

図 **A.18**

ただし，ここまでの議論では，まだ係数 c の値を特定できていない。以下の議論では，もし式 (A.75) で与えた仮定が正しければ，c の値はおのずと 1/3 という値に決まることを証明したいのである。さて，それにはどうすればよいだろうか？

c の値を特定するために，式 (A.72) に立ち戻ろう。もし，はじめに前提とした式 (A.75) を認めたならば，式 (A.72) はつぎのように書き換えられる。

$$V = cr_2^2(h + e) - cr_1^2 e \tag{A.76}$$

そして，前項で述べたのと同じ要領を経ると

$$V = c\pi h(r_1^2 + r_1 r_2 + r_2^2) \tag{A.77}$$

を得る。

さてここからがポイントである。いま，図 A.14 の円錐台の上底面の半径 r_1 を，下底面の半径 r_2 にどんどん近づけたとしよう。すると式 (A.77) より，円錐台の体積 V は，式 (A.78) で示した値にどんどん近づく。

$$\lim_{r_1 \to r_2} V = \lim_{r_1 \to r_2} c\pi h(r_1^2 + r_1 r_2 + r_2^2) = 3c\pi r_2^2 h \tag{A.78}$$

ところで，r_1 を r_2 にどんどん近づけるということは，この円錐台を円柱にどんどん近づけるということである。つまりこの円錐台の体積は，円柱の体積

$$(\text{底面積}) \times (\text{高さ}) = \pi r_2^2 \times h \tag{A.79}$$

に近づくはずである。これら式 (A.78) と式 (A.79) の体積は等しいはずなので

$$3c\pi r_2^2 h = \pi r_2^2 h \tag{A.80}$$

以上より

$$3c = 1 \quad \text{つまり} \quad c = \frac{1}{3} \tag{A.81}$$

という結論が得られる。つまり，もし円錐の体積 V が「$V = c \times (\text{底面積}) \times (\text{高さ})$」という式に従うならば，この係数 c の値は 1/3 にならざるをえないのである。

コーヒーブレイク

付録の最後に，立体の体積に関する，単純で美しい法則を紹介しよう。

いま，下の図のように，高さの等しい三つの立体を考えてみる。すべて高さが同じなので，図の左にある円錐も，図の中央にある球も，図の右にある円柱の内側にすっぽり収まる。そういう三つの立体を考えるのだ。

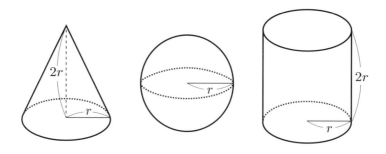

すると，この三つの立体の体積は，つぎのような比の関係で結ばれるのだ。

(円錐の体積)：(球の体積)：(円柱の体積) ＝ 1：2：3

上に示した関係式は，積分を用いて計算すれば，簡単に証明できる。しかし，そうした計算をせずに，図を目で見ただけで，この法則に気付ける人がはたしてどれだけいるだろうか？ こういうシンプルで美しい法則に出会うたびに，美しさこそが数学の醍醐味だよなぁと，しみじみ感じる。

索　引

【記号】

$\equiv$	27
$\propto$	46
$\simeq$	157
$\Delta y / \Delta x$	110
$\dfrac{dy}{dx}$	109
$\exp$	44
y'	109

【あ】

アステロイド曲線	152
アポロニウスの円	57
アルキメデスの渦巻線	94

【い】

一価性	24
1 対 1	41
陰関数	131

【え】

エンゲルの公式	20
円周率	54
円錐台	239, 268

【お】

オイラーの公式	254

【か】

階　乗	28
回転体	229
ガウス関数	208
ガウス記号	74
ガウス平面	255

角座標	89
カッシーニの卵形線	57
加法定理	69, 259
関　数	33
関数の展開	157

【き】

奇関数	73
逆関数	37, 123
逆三角関数	59
極座標	88
曲線の長さ	232
極方程式	90
近　似	162

【く】

偶関数	73
区分求積法	189

【け】

形式的な約分	216
原始関数	195

【こ】

合成関数	118
誤差関数	180
弧度法	89

【さ】

サイクロイド	248
最速降下曲線	248

【し】

四角錐	228
指数関数	106

自然対数	30
自然対数の底	27
周期関数	73
収束半径	175
商の微分	114
常用対数	30
常用対数表	19, 250
初等関数	33
真　数	13
シンプソンの公式	209

【せ】

積の微分	112
積分記号	185
積分定数	198
接　点	72
切　片	72
ゼロ数	15
0 で割ること	7
漸近線	70, 74
全単射	41

【そ】

双曲線	57, 76
双曲線関数	55

【た】

台形公式	209
対　数	13
対数関数	107
対数微分法	130
楕　円	57
単位円	57

【ち】

置換積分　213
チルンハウゼンの
　三次曲線　152

【て】

底　13
定義域　7, 42, 70
定積分　200
テイラー展開　157

【と】

導関数　97
動径座標　89
度数法　89

【に】

二項係数　101
二項定理　101
二進対数　30

【ね】

ネピア数　27

【は】

バーゼル問題　178
媒介変数表示　235

パラメータ表示　235

【ひ】

微分不可能　1

【ふ】

フーリエ展開　157
複素平面　255
不定形　100
不定積分　196, 198, 199
部分積分　220
フレネル積分　183

【へ】

べき乗　13

【ほ】

補角の公式　259

【ま】

マクローリン展開　157

【む】

無　限　1
無限小数　27
無限大　5
無理数　27

【め】

メルカトル級数　178

【ゆ】

有限小数　27
有理数　27

【よ】

陽関数　131
余角の公式　260

【ら】

ライプニッツ・グレゴリー
　級数　178
ラジアン　61, 89, 261

【り】

リーマン関数　99

【る】

累　乗　13

【ろ】

ローラン展開　157

【わ】

ワイエルシュトラス関数　99

―― 著 者 略 歴 ――

1997年　北海道大学工学部卒業
1999年　北海道大学大学院工学研究科修士課程修了
1999年　北海道大学大学院工学研究科博士課程中退
1999年　北海道大学助手
2005年　博士（工学）（北海道大学）
2007年　北海道大学助教
2009年　カタルーニャ工科大学（スペイン）客員教授
2012年　山梨大学准教授
2019年　山梨大学教授
　　　　現在に至る

これならわかる微積分学

Calculus: A Guide for Non-Math Persons　　　　　　　　　　　© Hiroyuki Shima 2022

2022 年 8 月 18 日　初版第 1 刷発行　　　　　　　　　　　　　　　　　　　　★

検印省略	著　者	島　　　　　弘　　幸
	発 行 者	株式会社　コ ロ ナ 社
		代 表 者　牛 来 真 也
	印 刷 所	三 美 印 刷 株 式 会 社
	製 本 所	有限会社　愛 千 製 本 所

112–0011　東京都文京区千石 4–46–10
発行所　株式会社 コ ロ ナ 社
CORONA PUBLISHING CO., LTD.
Tokyo Japan
振替 00140–8–14844・電話(03)3941–3131(代)
ホームページ　https://www.coronasha.co.jp

ISBN 978–4–339–06126–0　C3041　Printed in Japan　　　　　　　（新井）

技術英語・学術論文書き方，プレゼンテーション関連書籍

プレゼン基本の基本 －心理学者が提案するプレゼンリテラシー－
下野孝一・吉田竜彦 共著／A5／128頁／本体1,800円／並製

まちがいだらけの文書から卒業しよう －基本はここだ！－ 工学系卒論の書き方
別府俊幸・渡辺賢治 共著／A5／200頁／本体2,600円／並製

理工系の技術文書作成ガイド
白井　宏 著／A5／136頁／本体1,700円／並製

ネイティブスピーカーも納得する技術英語表現
福岡俊道・Matthew Rooks 共著／A5／240頁／本体3,100円／並製

科学英語の書き方とプレゼンテーション（増補）
日本機械学会 編／石田幸男 編著／A5／208頁／本体2,300円／並製

続 科学英語の書き方とプレゼンテーション －スライド・スピーチ・メールの実際－
日本機械学会 編／石田幸男 編著／A5／176頁／本体2,200円／並製

マスターしておきたい 技術英語の基本－決定版－
Richard Cowell・余　錦華 共著／A5／220頁／本体2,500円／並製

いざ国際舞台へ！ 理工系英語論文と口頭発表の実際
富山真知子・富山　健 共著／A5／176頁／本体2,200円／並製

科学技術英語論文の徹底添削 －ライティングレベルに対応した添削指導－
絹川麻理・塚本真也 共著／A5／200頁／本体2,400円／並製

技術レポート作成と発表の基礎技法（改訂版）
野中謙一郎・渡邉力夫・島野健仁郎・京相雅樹・白木尚人 共著
A5／166頁／本体2,000円／並製

知的な科学・技術文章の書き方 －実験リポート作成から学術論文構築まで－
中島利勝・塚本真也 共著
A5／244頁／本体1,900円／並製 日本工学教育協会賞（著作賞）受賞

知的な科学・技術文章の徹底演習
塚本真也 著 工学教育賞（日本工学教育協会）受賞
A5／206頁／本体1,800円／並製

定価は本体価格＋税です。
定価は変更されることがありますのでご了承下さい。

図書目録進呈◆